普通高等教育“十三五”规划教材

工程图学习题集

主　编　张明莉
副主编　成凤文　杨永明
参　编　郭　亮　王凤美　肖　斌
徐谨丽　王月梅

机械工业出版社

本书与成凤文、张明莉、杨永明主编的《工程图学》教材（以下简称主教材）配套使用，编排顺序与主教材体系保持一致。

本书主要内容有：制图的基本知识、正投影法基础、基本立体、立体表面交线、轴测图、组合体的视图与形体构思、机件的常用表达方法、标准件与常用件的表达方法、零件图和装配图等。各部分习题都有一定的裕量，便于选用。

本书可作为高等工科院校 60~100 学时各专业机械制图课程的配套教辅，也可用作继续教育相关专业的配套教辅及有关工程技术人员的参考书。

图书在版编目（CIP）数据

工程图学习题集/张明莉主编. —北京：机械工业出版社，2019.8（2025.7 重印）
普通高等教育“十三五”规划教材
ISBN 978-7-111-62865-1

Ⅰ.①工… Ⅱ.①张… Ⅲ.①工程制图-高等学校-习题集 Ⅳ.①TB23-44

中国版本图书馆 CIP 数据核字（2019）第 157317 号

机械工业出版社（北京市百万庄大街 22 号 邮政编码 100037）
策划编辑：丁昕祯 责任编辑：丁昕祯 余 皞
责任校对：樊钟英 封面设计：张 静
责任印制：单爱军
中煤（北京）印务有限公司印刷
2025 年 7 月第 1 版第 7 次印刷
260mm×184mm · 10.25 印张 · 253 千字
标准书号：ISBN 978-7-111-62865-1
定价：29.80 元

电话服务
客服电话：010-88361066
010-88379833
010-68326294

网络服务
机 工 官 网：www.cmpbook.com
机 工 官 博：weibo.com/cmp1952
金 书 网：www.golden-book.com
机工教育服务网：www.cmpedu.com

前　言

本书与成凤文、张明莉、杨永明主编的《工程图学》教材（以下简称主教材）配套使用。

本书是依据教育部工程图学教学指导委员会2015年制订的《普通高等院校工程图学课程教学基本要求》和现行的技术制图、机械制图等国家标准，结合编者多年教学改革实践经验编写而成的。本书内容的编排顺序与主教材体系保持一致，在使用过程中教师可根据具体情况进行适当调整。本书适用于工科院校机械类或近机械类各专业使用，参考学时为60~100学时。也可供相关专业的工程技术人员参考。

本书广泛吸取了兄弟院校教材的优点，内容全面，由浅入深，具有典型性、代表性和多样性，可根据教学要求进行选择。

本书由北华航天工业学院张明莉任主编，成凤文、杨永明任副主编。参加本习题集编写的有北华航天工业学院的郭亮、王凤美、肖斌、徐谨丽和王月梅。具体分工如下：王月梅、徐谨丽（第一章），王凤美（第二、八章），郭亮（第三、四章），肖斌（第五章），张明莉（第六、七章），杨永明（计算机绘图部分），成凤文（第九、十章）。在编写过程中，参阅了其他院校的习题集，在此向相关作者表示感谢。

由于编者水平有限，书中缺点、错误之处在所难免，恳请读者批评指正。

编　者

目　录

前言
第一章　制图的基本知识 …… 1
第二章　正投影法基础 …… 10
第三章　基本立体 …… 19
第四章　立体表面交线 …… 26
第五章　轴测图 …… 35
第六章　组合体的视图与形体构思 …… 40
第七章　机件的常用表达方法 …… 76
第八章　标准件与常用件的表达方法 …… 111
第九章　零件图 …… 128
第十章　装配图 …… 146
参考文献 …… 160

第一章　制图的基本知识

班级　　　　姓名　　　　学号

1.1　字体练习（一）

机械制图国家标准技术要求名称数量比例零件材料圆角密封基本序号

螺纹栓钉垫圈轴轮盘叉架箱体表面粗糙度工作原理手柄转动灵活齿轮

热处理公差配合其余全部倒角图号试验防护漆

班级　　　　姓名　　　　学号

1.1 字体练习（二）

1 2 3 4 5 6 7 8 9 0 1 2 3 4 5 6 7 8 9 0 1 2 3 4 5 6 7 8 9 0

1 2 3 4 5 6 7 8 9 0 1 2 3 4 5 6 7 8 9 0 1 2 3 4 5 6 7 8 9 0

A B C D E F G H I J K L M N O P Q R S T

A B C D E F G H I J K L M N O P Q R S T

班级　　　　姓名　　　　学号

1.2　在指定位置抄画图线和图形，要求与原图保持一致（一）

1.

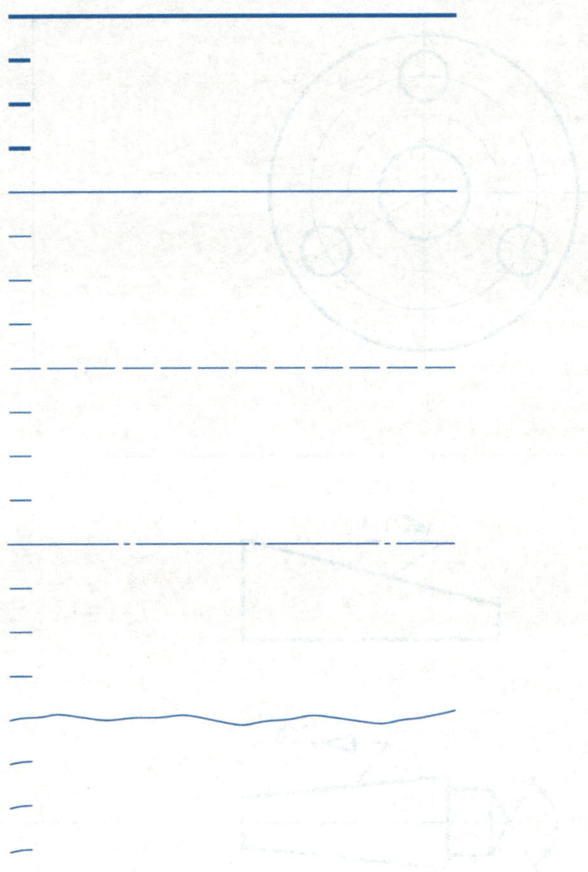

2.

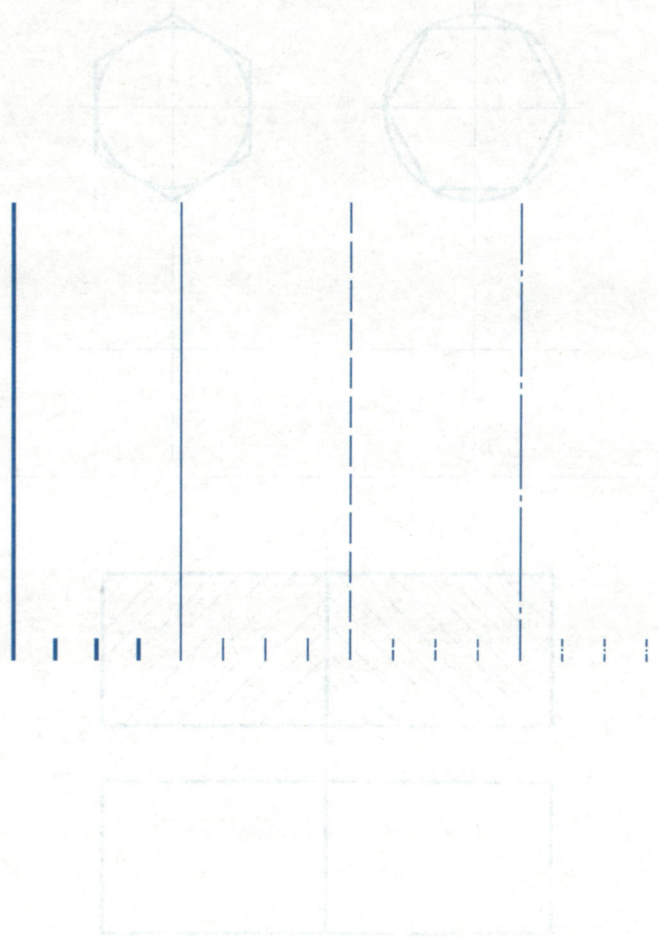

班级　　　　姓名　　　　学号

1.2　在指定位置抄画图线和图形，要求与原图保持一致（二）

3.

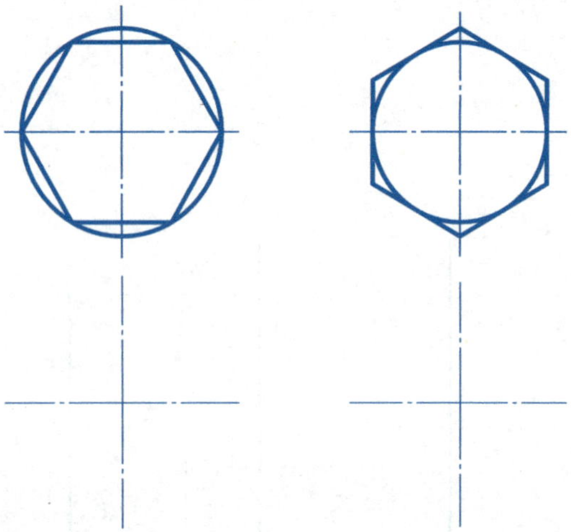

4.

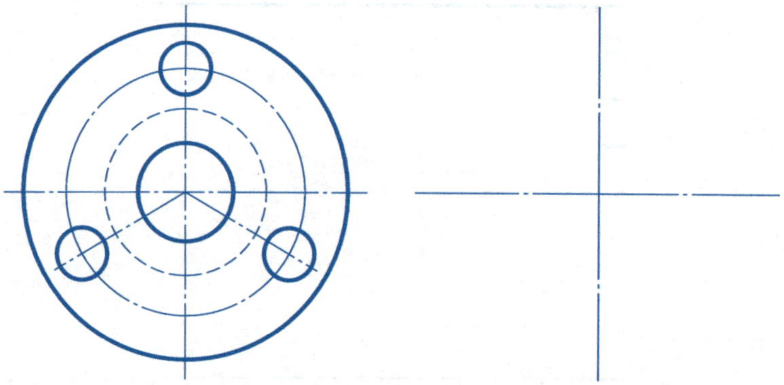

5.

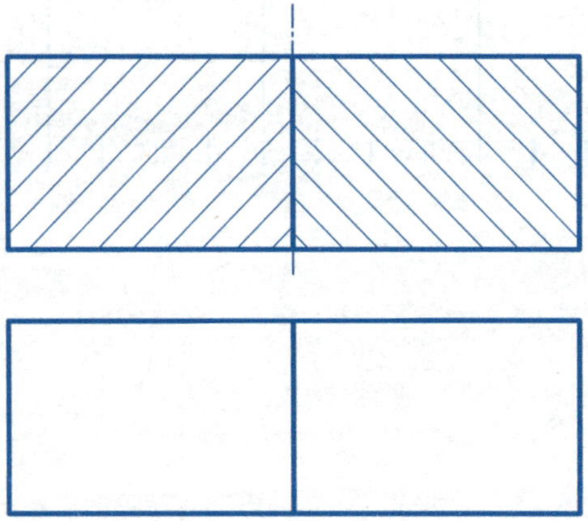

6.

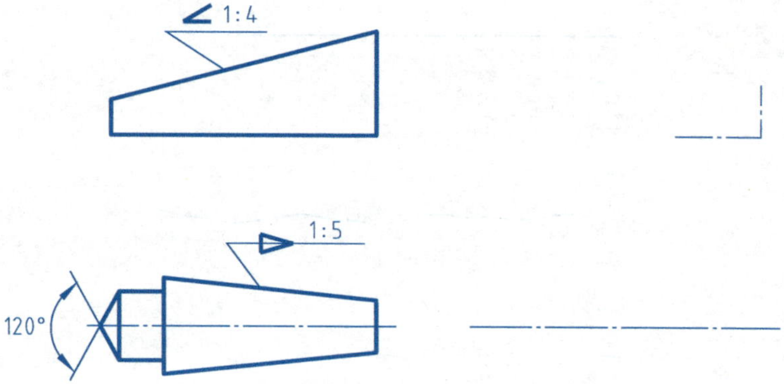

班级　　　　姓名　　　　学号

1.3　标注尺寸练习

1. 分析尺寸标注的错误，在下图中正确、完整地标注。

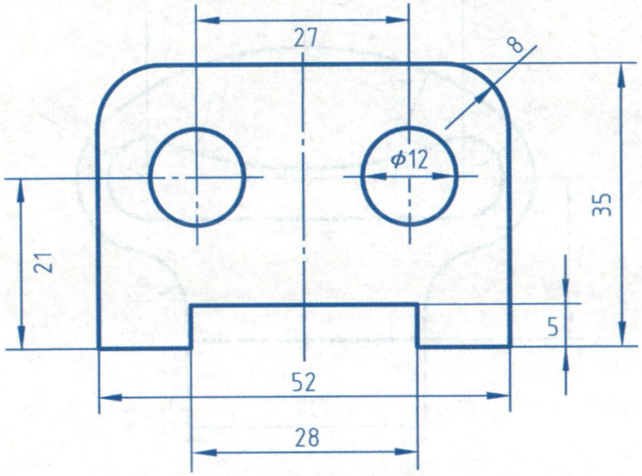

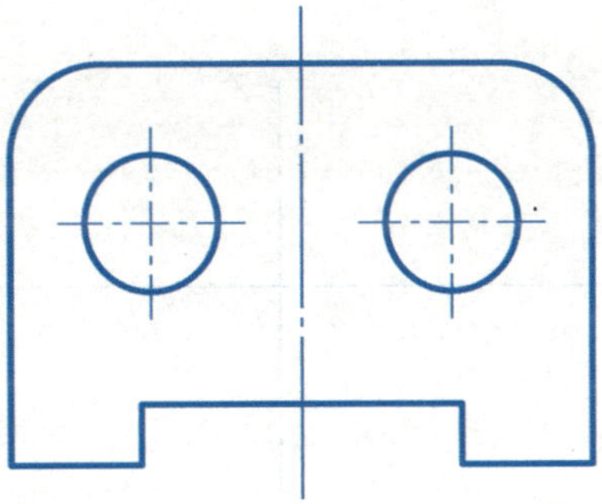

2. 标注尺寸数值和箭头（尺寸数值从图中按 1∶1 量取）。

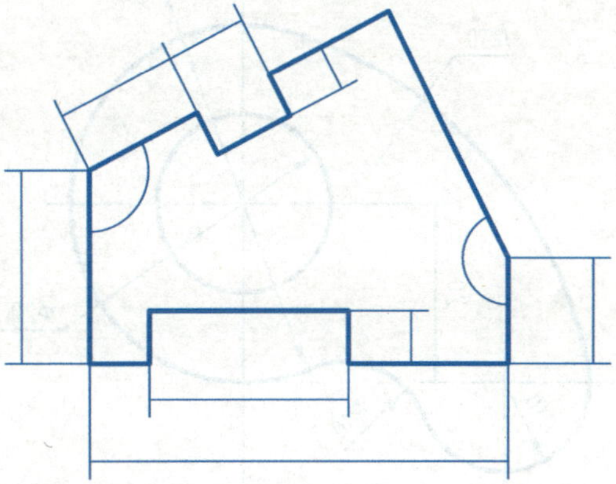

3. 标注尺寸数值和箭头（尺寸数值从图中按 1∶1 量取）。

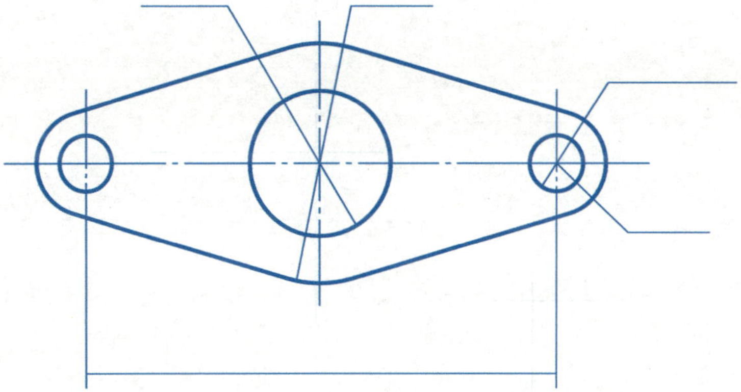

1.4 参照已知平面图形，在指定位置按尺寸 1 : 1 画出该图形

1.

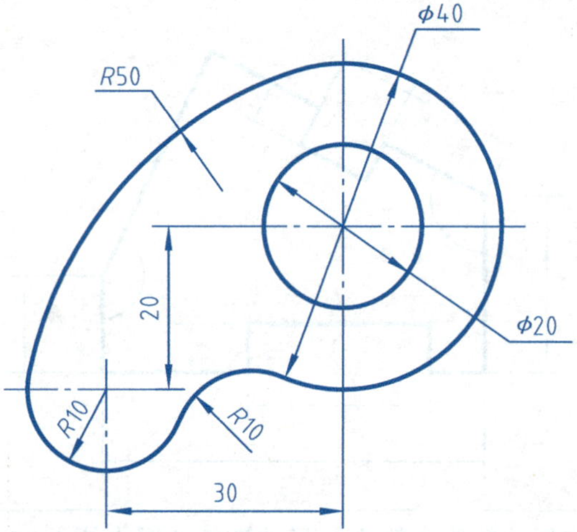

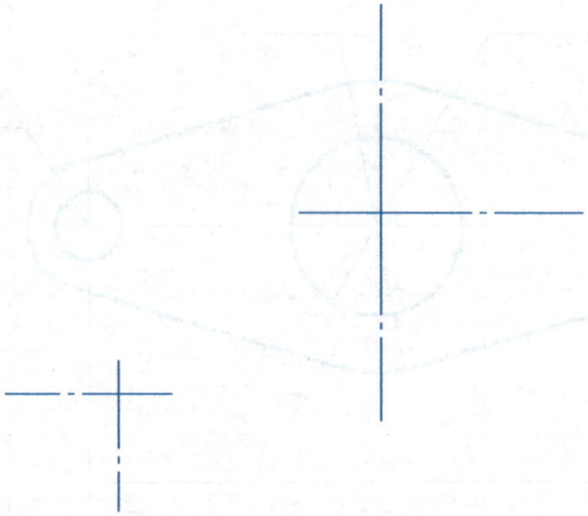

2.

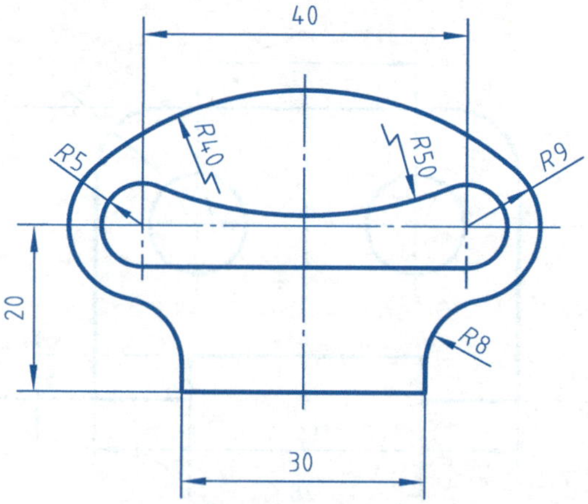

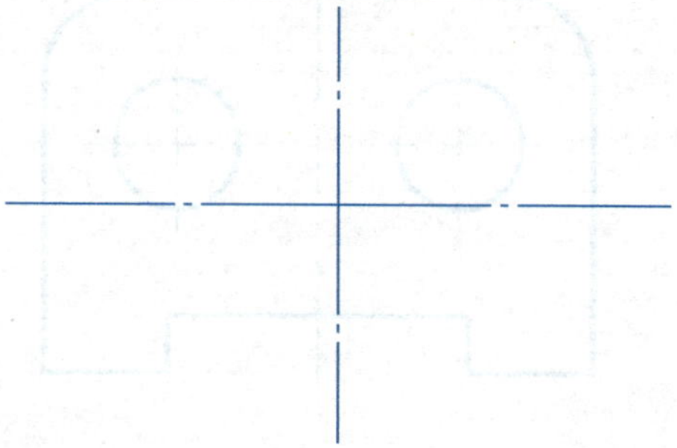

1.5 将已知图形按尺寸徒手画在方格区域内

1.

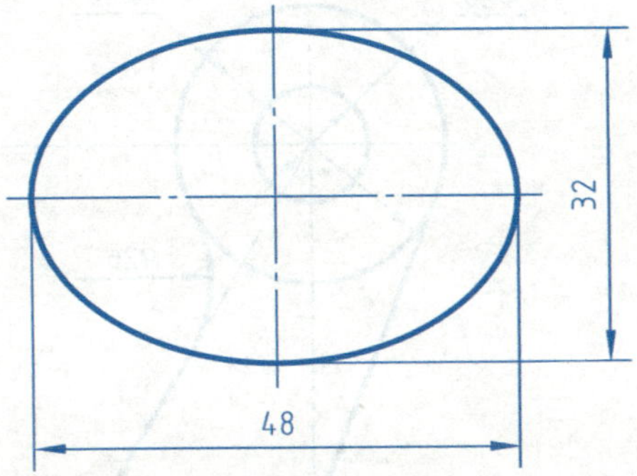

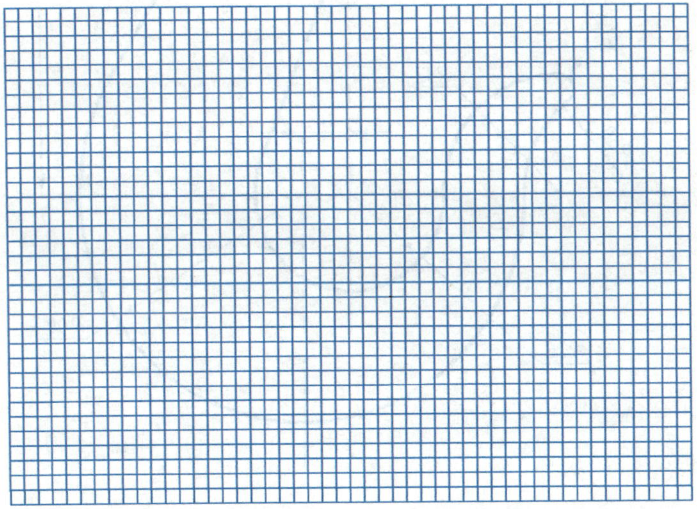

2.

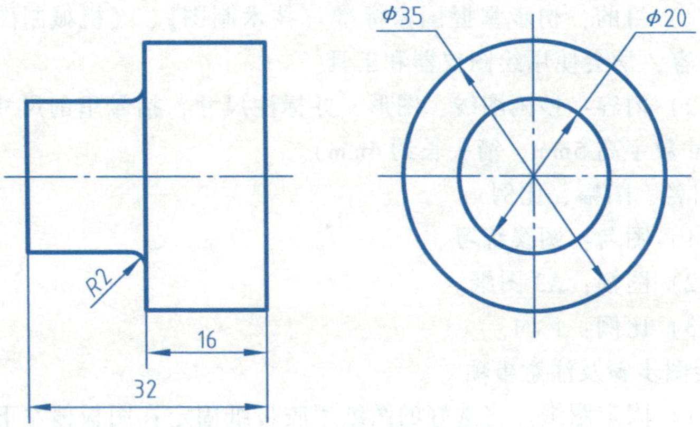

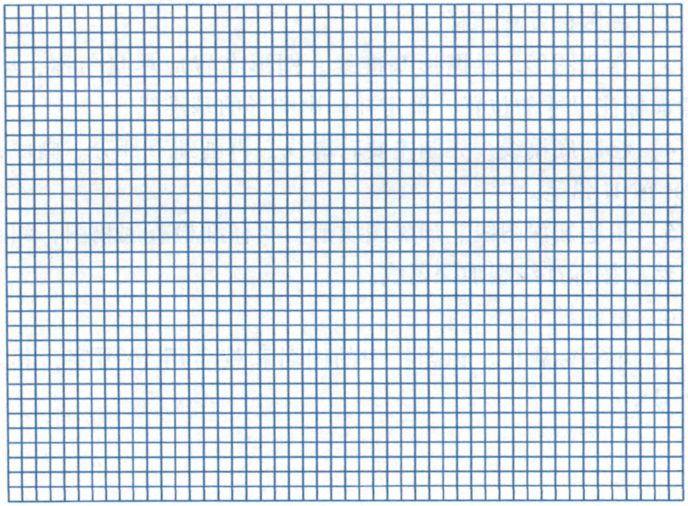

班级　　　　姓名　　　　学号

1.6　综合练习（一）

1. 目的与内容

1）目的：初步掌握国家标准《技术制图》、《机械制图》有关内容，学会使用绘图仪器和工具。

2）内容：抄画图线、图形，并标注尺寸，括号里的尺寸不注（尺寸数字高 5mm，箭头长约 4mm）。

2. 图名、图幅、比例

1）图名：图线练习。

2）图幅：A3 图纸。

3）比例：1∶1。

3. 绘图步骤及注意事项

1）固定图纸。将选好的图纸用胶带纸固定在图板偏左下方适当位置。

2）画图框及标题栏。

3）布置图形、画图形基准线。图形布置应尽量匀称、居中，并考虑标注尺寸的位置，确定并画出图形的基准线。

4）绘制底稿线。先画主要轮廓线，再画细节部分。画底稿线用 2H 或 H 铅笔。

5）铅笔加深图线。加深图线前，要仔细检查底稿图，纠正错误，然后按标准线型加深图线。

6）标注尺寸。

7）填写标题栏。标题栏中的图名和校名用 10 号字，其余均用 7 号字。

1.

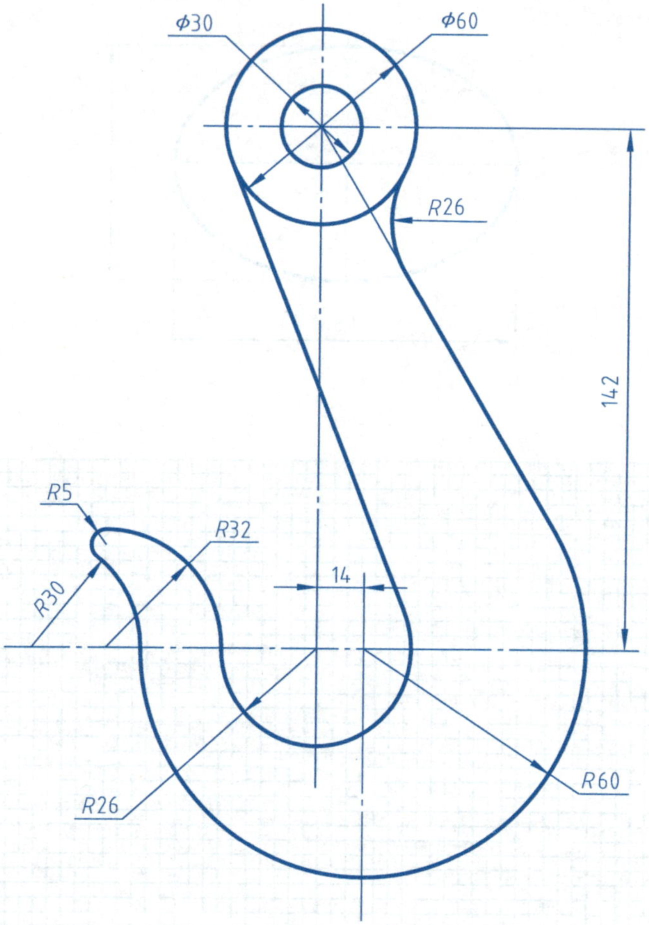

班级　　　　姓名　　　　学号

1.6 综合练习（二）

2.

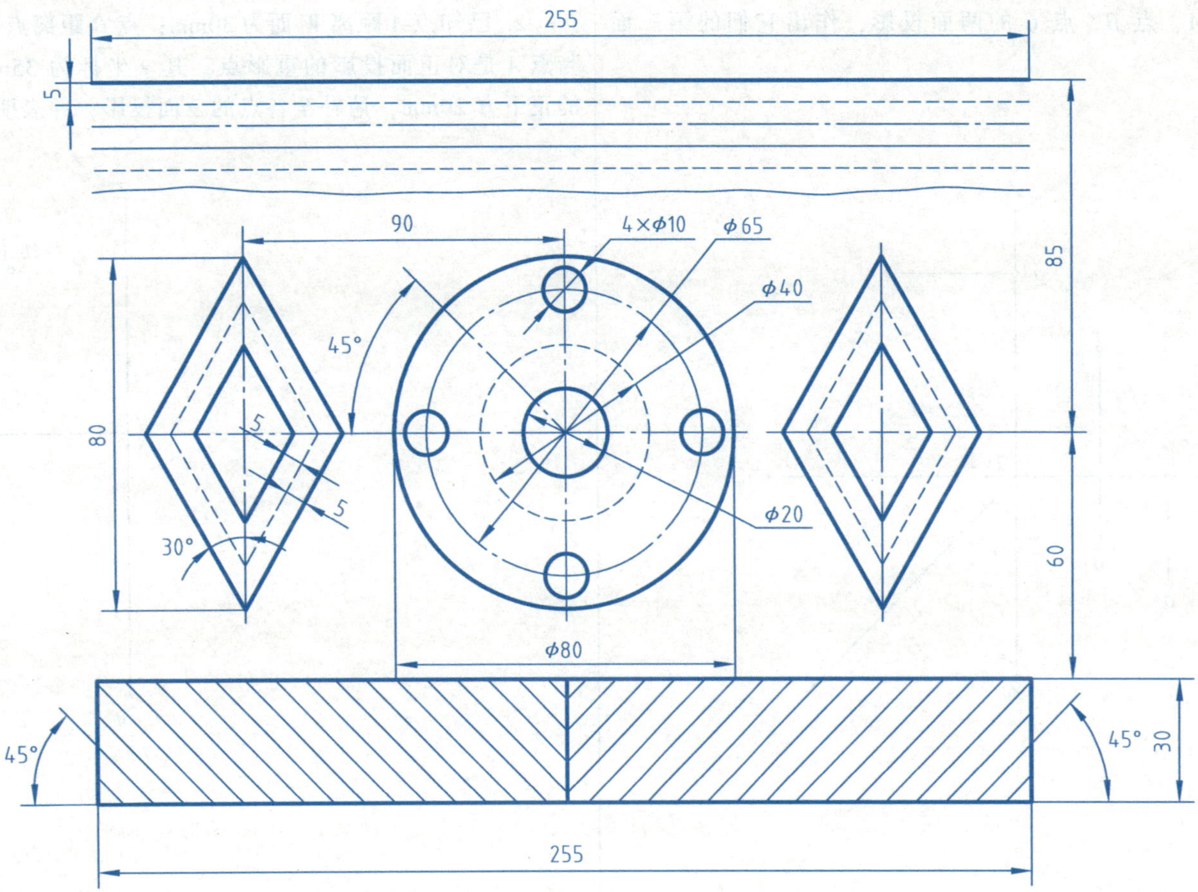

第二章　正投影法基础

班级　　　　姓名　　　　学号

2.1　点的投影

1. 已知点 A、点 B、点 C 的两面投影，作出它们的第三面投影。

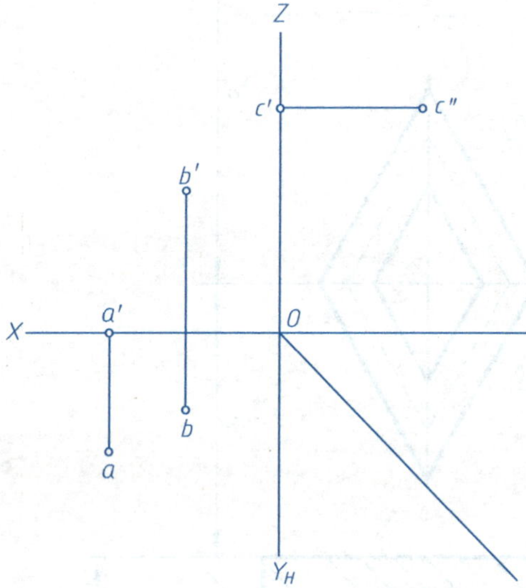

2. 已知点 A 距离 W 面为 30mm；点 B 距离点 A 为 20mm；点 C 与点 A 是对正面投影的重影点，其 y 坐标为 35mm；点 D 在点 A 的正下方 20mm，请补全各点的三面投影，并表明可见性。

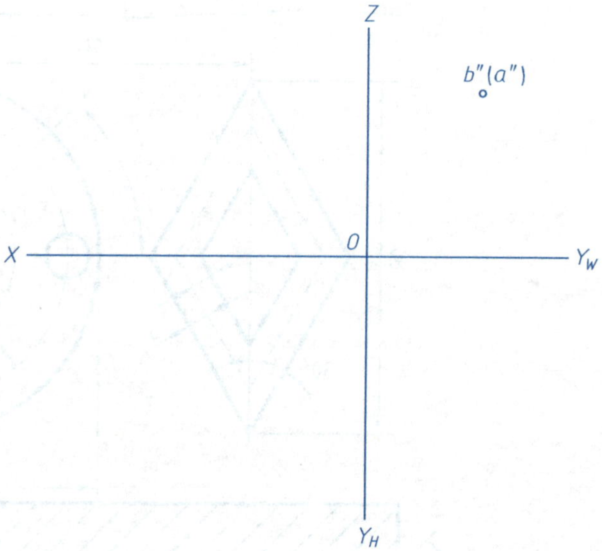

班级　　　　姓名　　　　学号

2.2　直线的投影（一）

1. 补全下列直线的三面投影，并判断直线对投影面的相对位置。

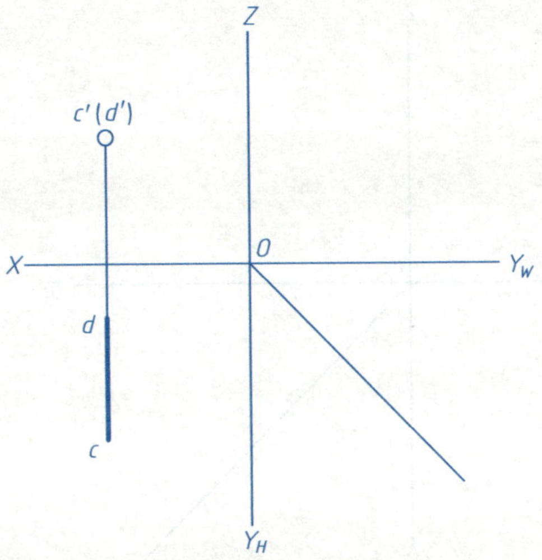

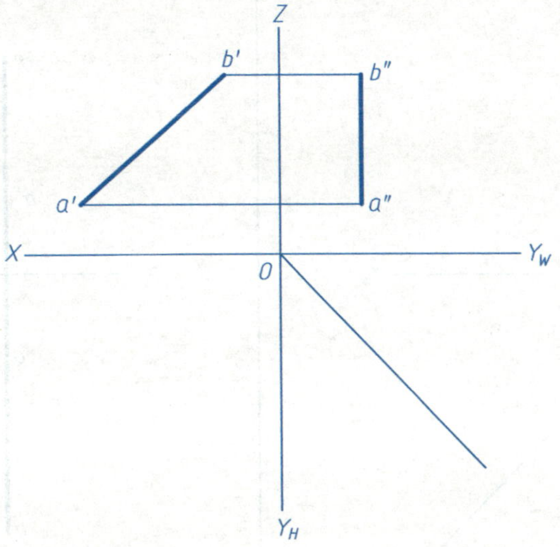

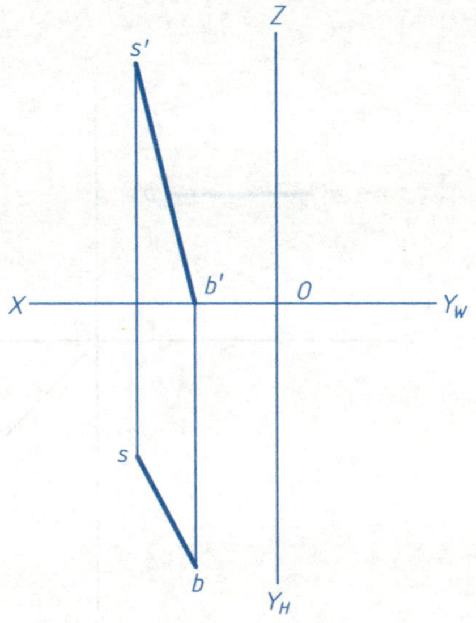

CD 是__________线　　　　*AB* 是__________线　　　　*SB* 是__________线

2.2　直线的投影（二）

2. 已知直线 *AB* 的端点 *A* 距离 *V* 面 10mm，且与 *V* 面夹角为 30°，求其 *H* 面、*W* 面的投影，并判别其对投影面的相对位置。

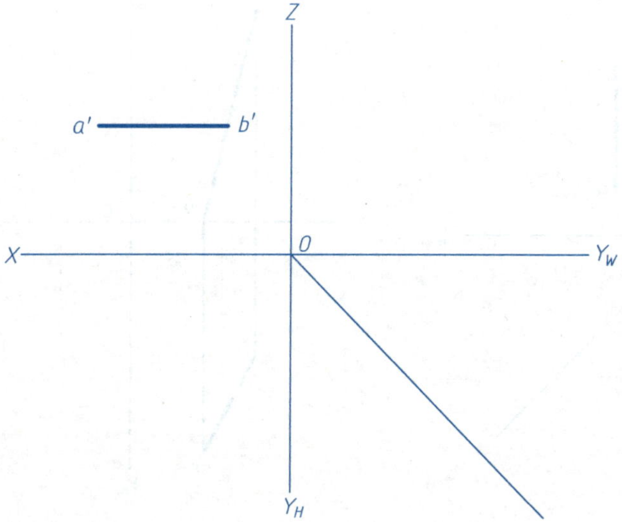

AB 是__________线

3. 求作直线 *AB* 的侧面投影，判别其对投影面的相对位置，并在直线上取点 *C*，使 *AC*∶*CB*=3∶2。

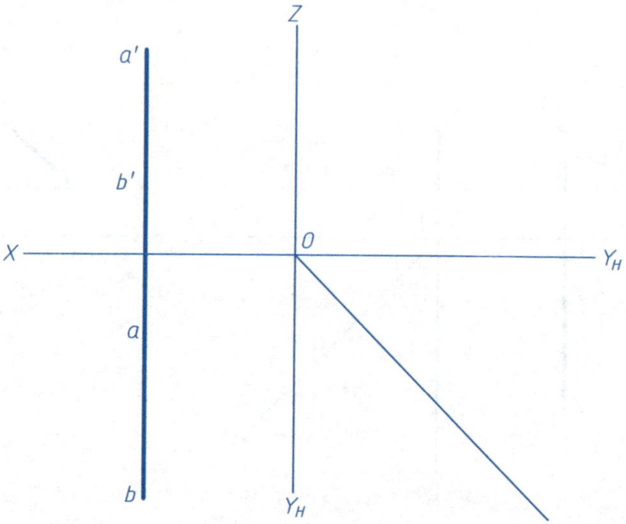

AB 是__________线

班级　　　　姓名　　　　学号

2.2 直线的投影（三）

4. 试过点 M 作直线 MN 垂直于已知直线 AB。

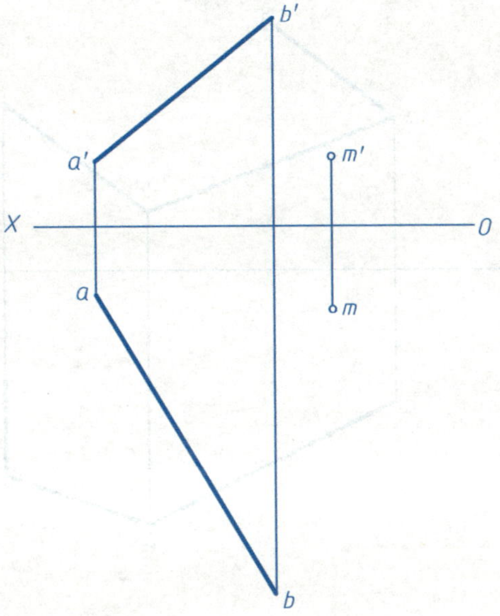

5. 作 $\triangle ABC$，$\angle ABC$ 为直角，使 BC 在 MN 上，且使点 C 分 MN 为 $MC : CN = 3 : 1$。

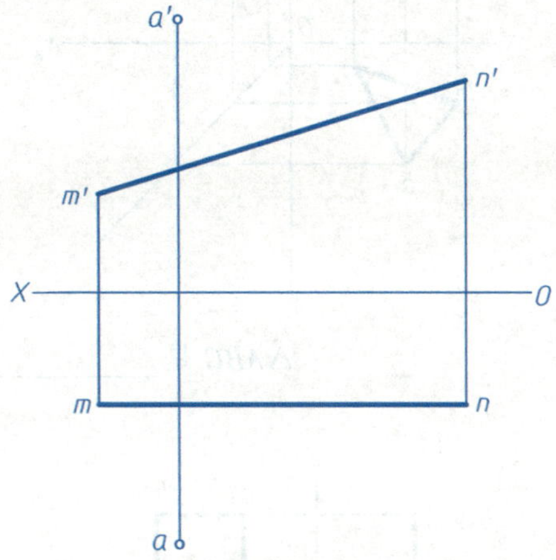

2.3 平面的投影

1. 判断下列各平面对投影面的相对位置。

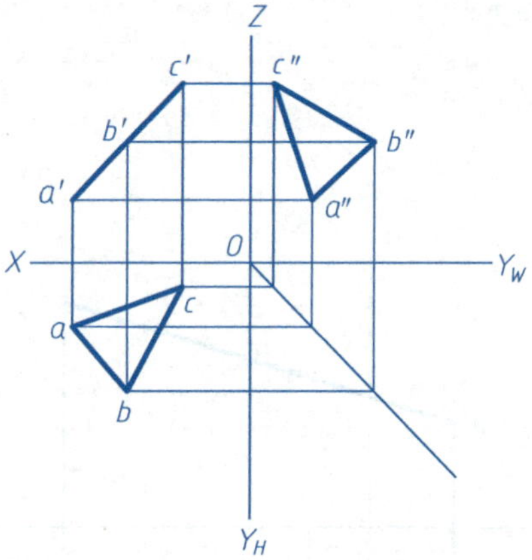

△*ABC* 是__________平面

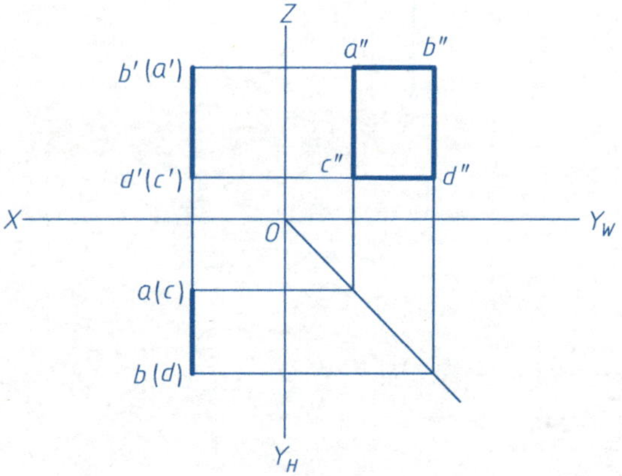

□*ABCD* 是__________平面

2. 补全平面图形 *ABCDE* 的两面投影。

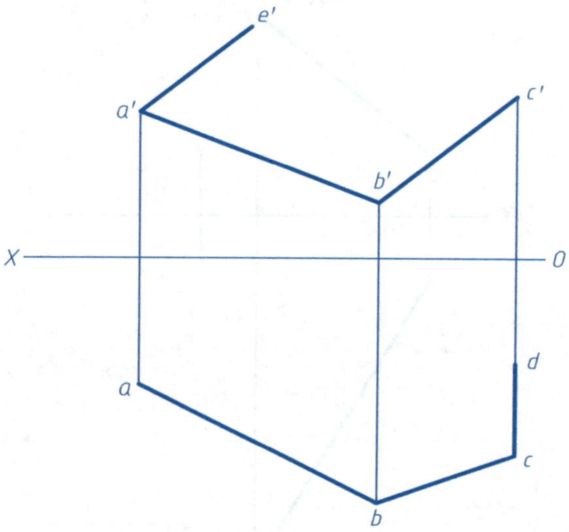

2.4　投影变换（一）

1. 已知直线 *MN* 对 *V* 面的倾角为 30°，*N* 点在 *M* 点后方，求直线 *MN* 的水平投影。

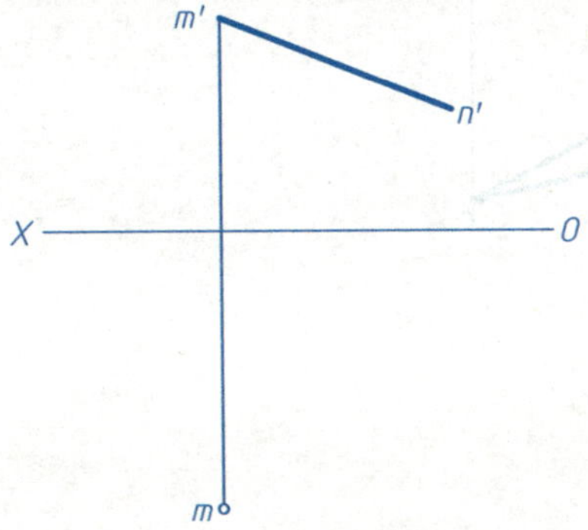

2. 过点 *A* 作直线 *AB* 与直线 *MN* 相交成 60°角。

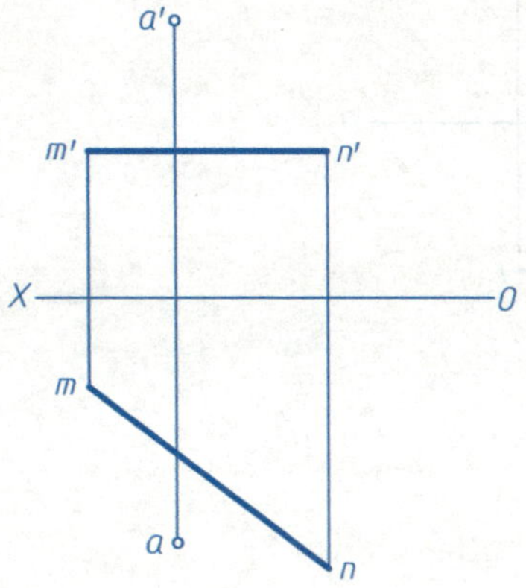

2.4 投影变换（二）

3. 求两直线 *AB* 与 *EF* 的公垂线的两面投影。

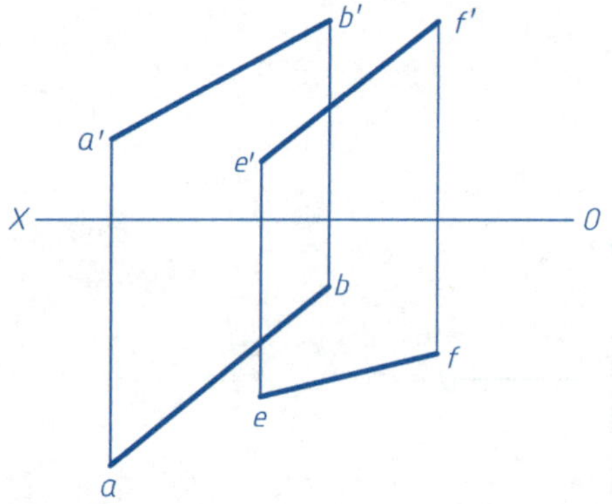

4. 试求点 *M* 到平面 *ABC* 的距离。

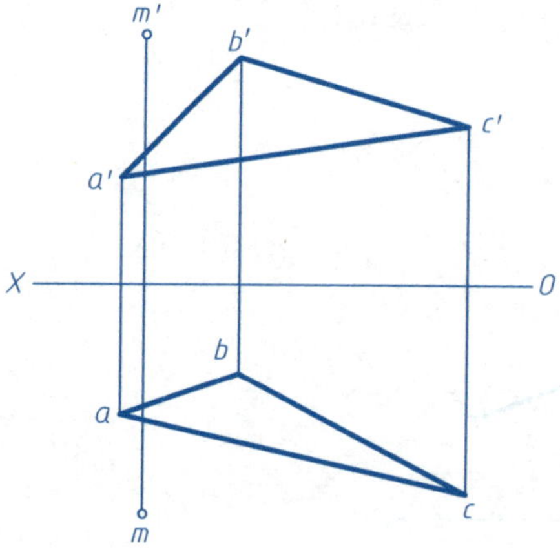

2.4 投影变换（三）

5. 已知直线 *MN* 与平面 *ABC* 平行，且相距 15mm，求直线 *MN* 的水平投影。

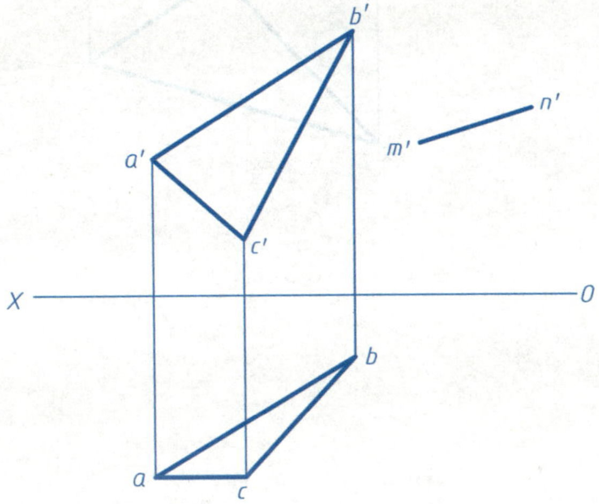

6. 试求平面 *ABC* 与平面 *ABD* 的夹角。

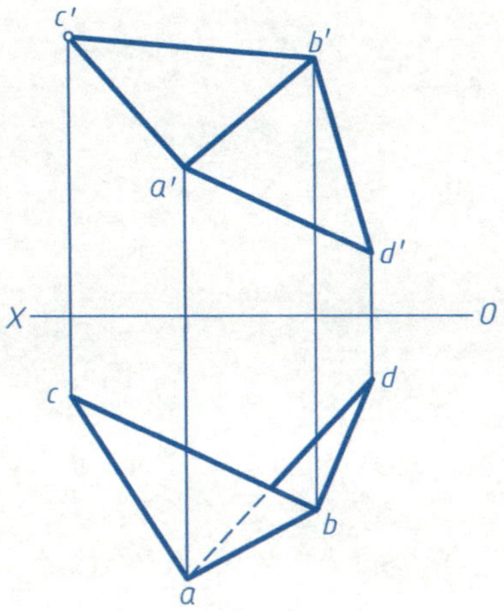

2.4 投影变换（四）

7. 在△ABC 平面内找一点 M，使 M 点到三角形三个顶点的距离相等，并求出点 M 的两面投影。

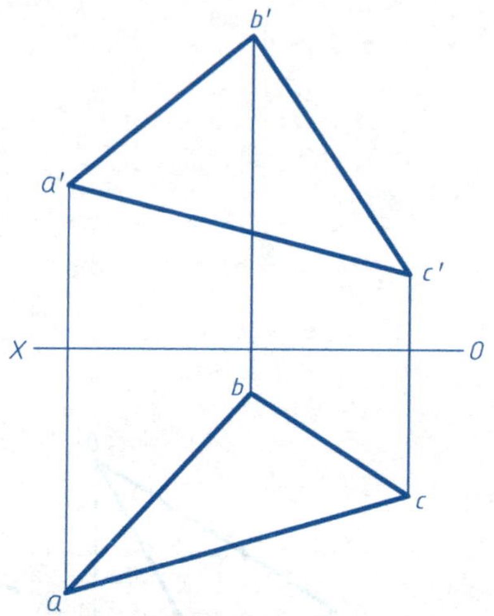

班级　　　　姓名　　　　学号

3.1　画出立体的第三视图，补全立体表面上点的其余两投影，并判断其可见性（一）

1.

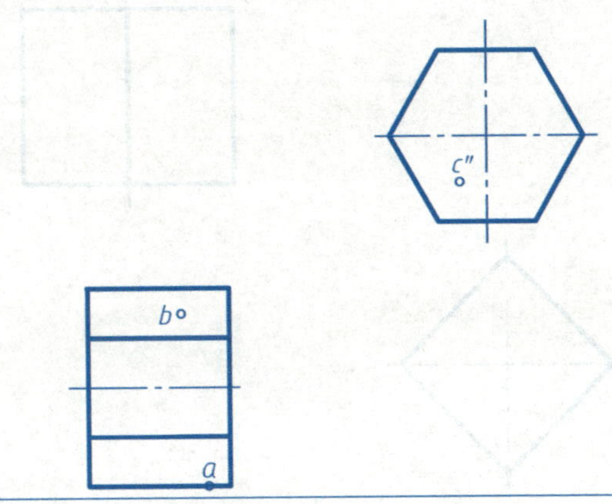

2.

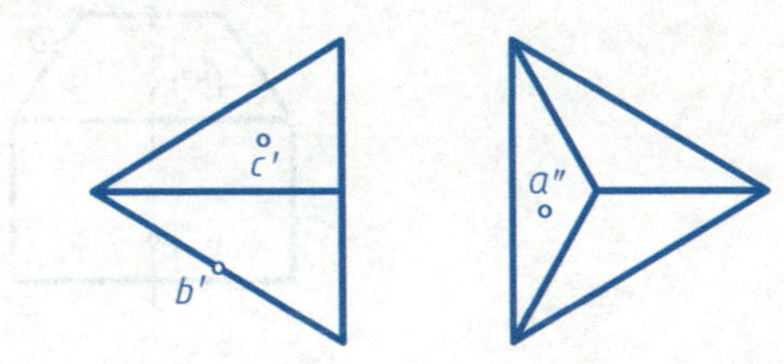

3.

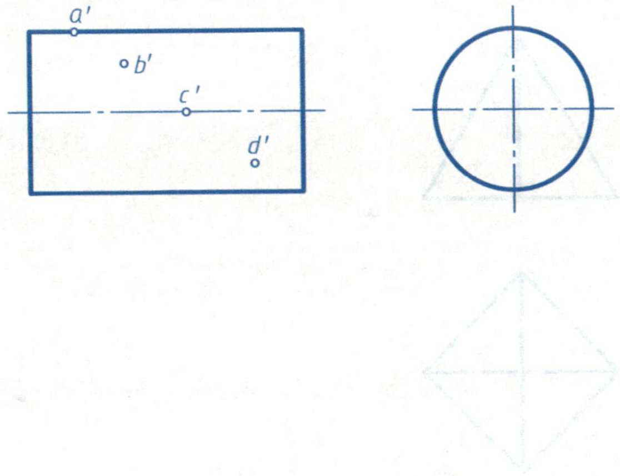

4.

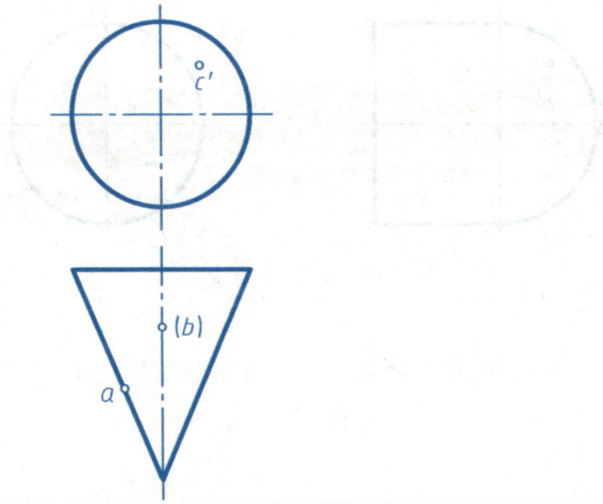

3.1 画出立体的第三视图，补全立体表面上点的其余两投影，并判断其可见性（二）

5.

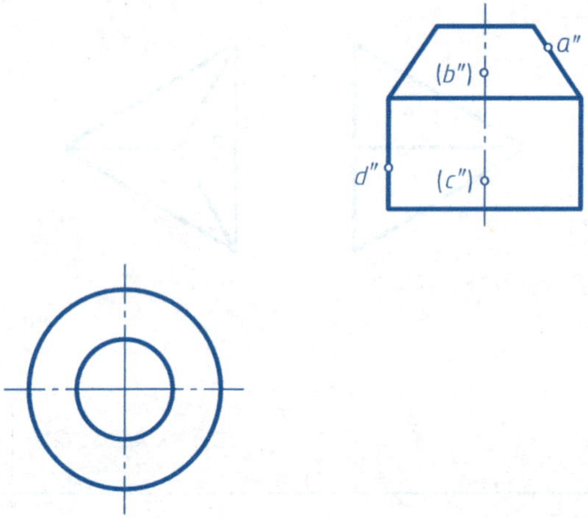

6.

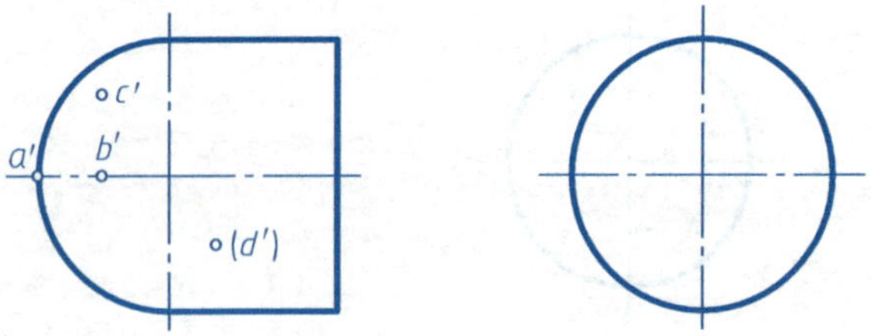

3.2 根据立体的两视图，画出第三视图（一）

1.

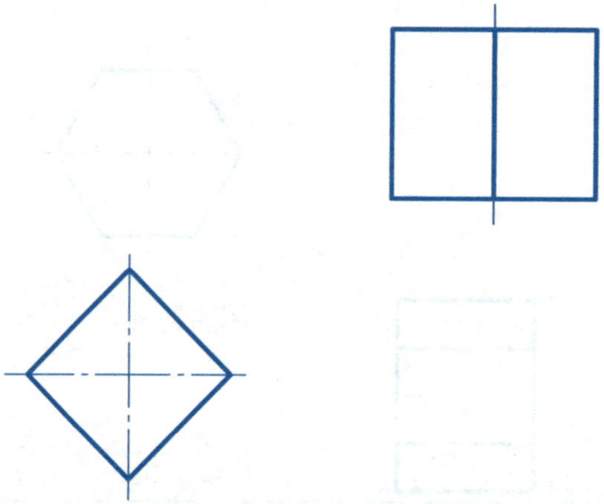

2.

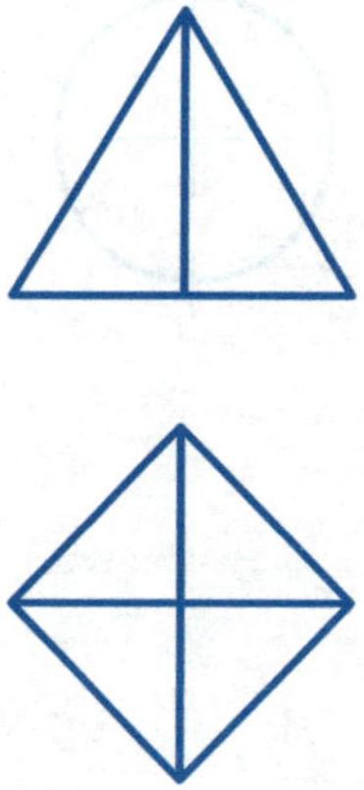

班级　　　　姓名　　　　学号

3.2　根据立体的两视图，画出第三视图（二）

3.

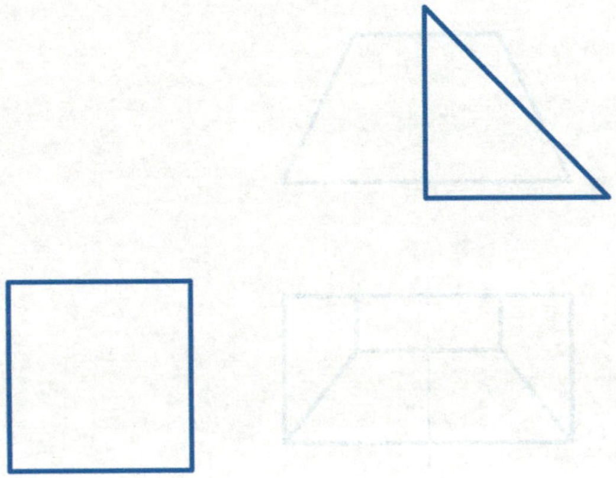

4.

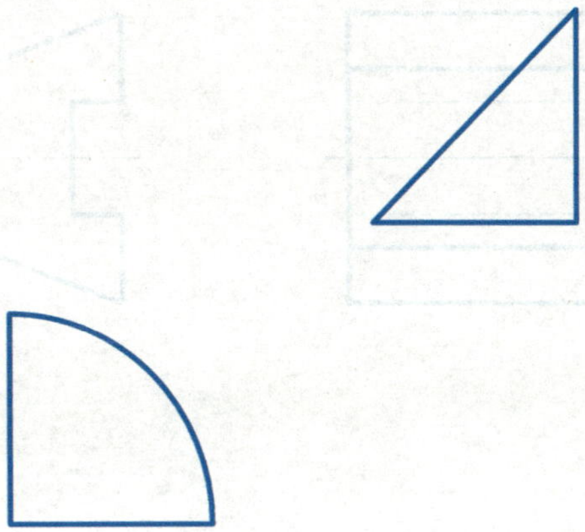

5.

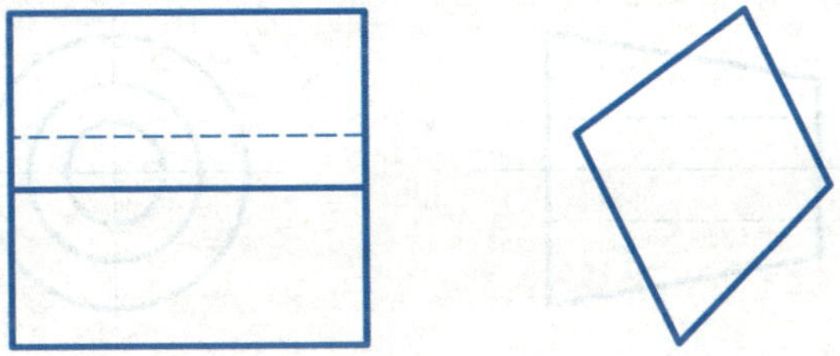

6.

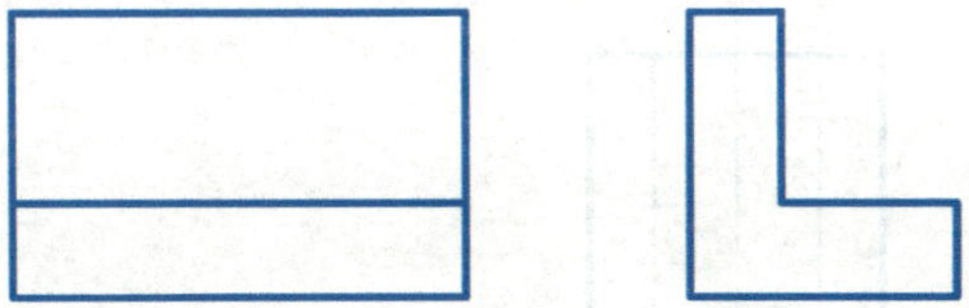

班级　　　　姓名　　　　学号

3.2 根据立体的两视图，画出第三视图（三）

7.

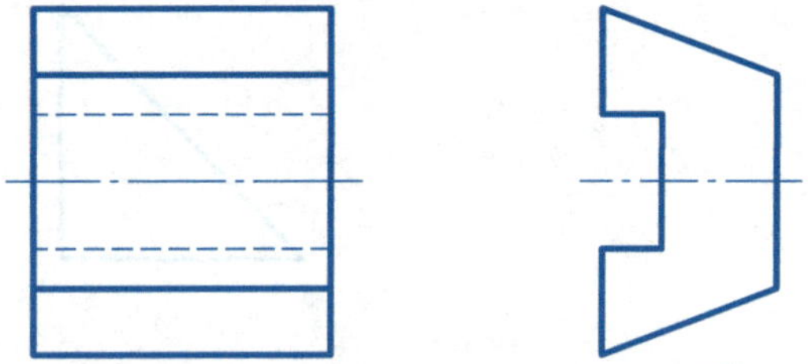

8.

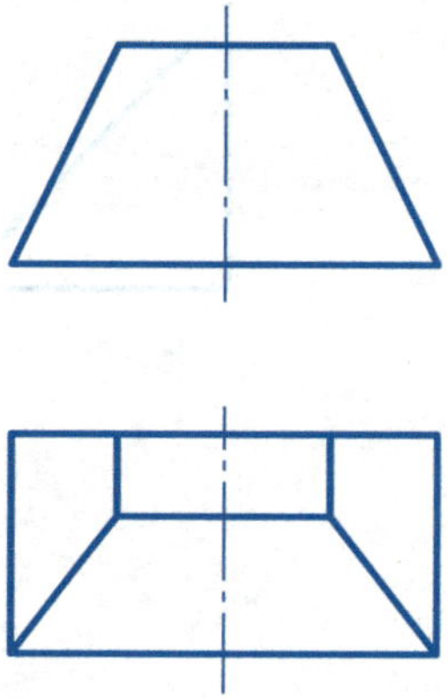

9.

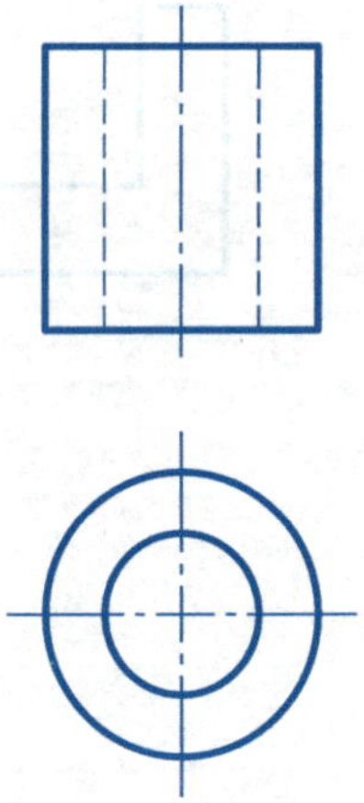

10.

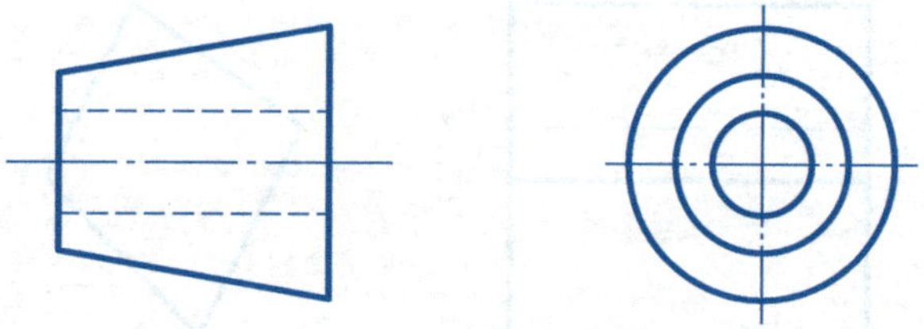

班级　　　　姓名　　　　学号

3.2　根据立体的两视图，画出第三视图（四）

11.

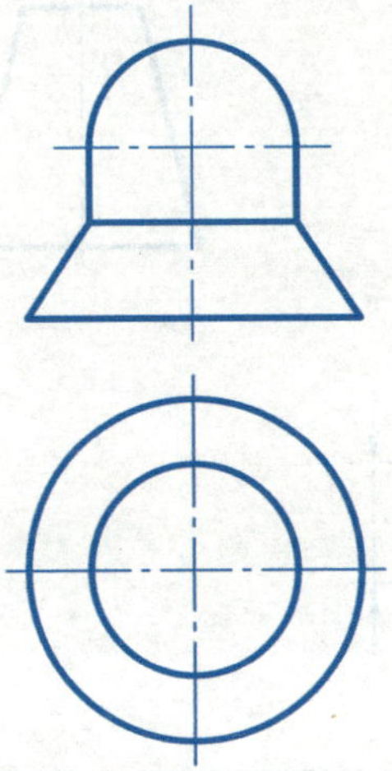

12.

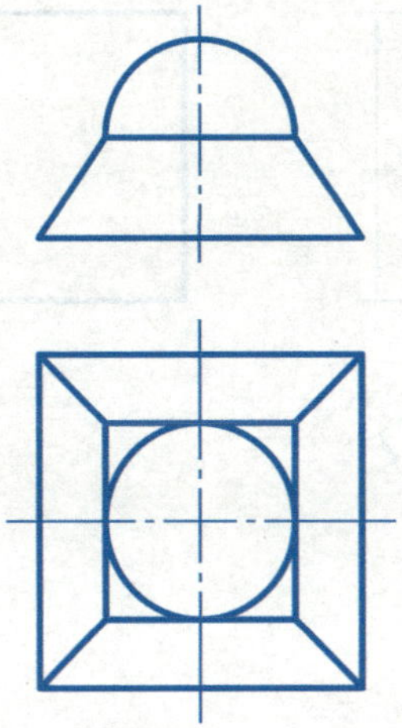

13.

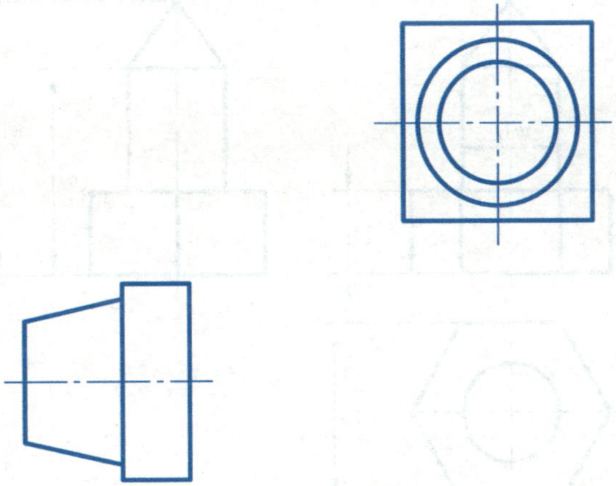

14.

3.3 根据基本体三视图与尺寸，进行三维建模（一）

1.

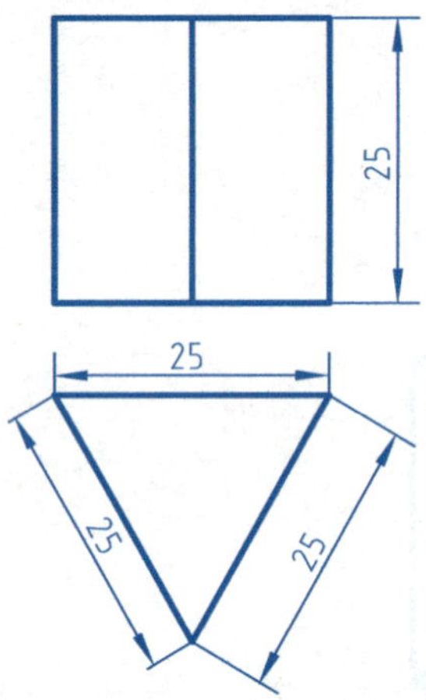

2.

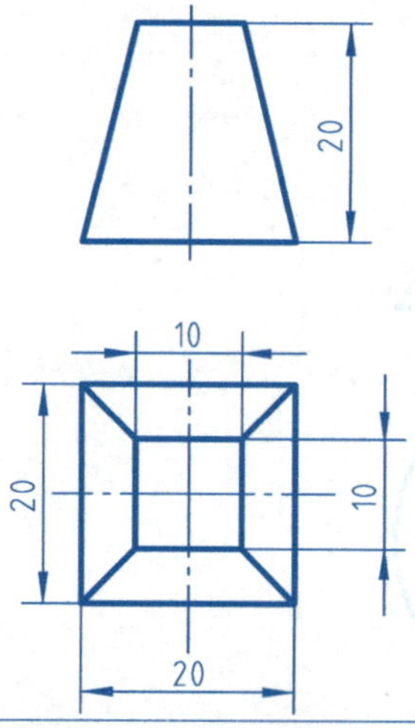

3.

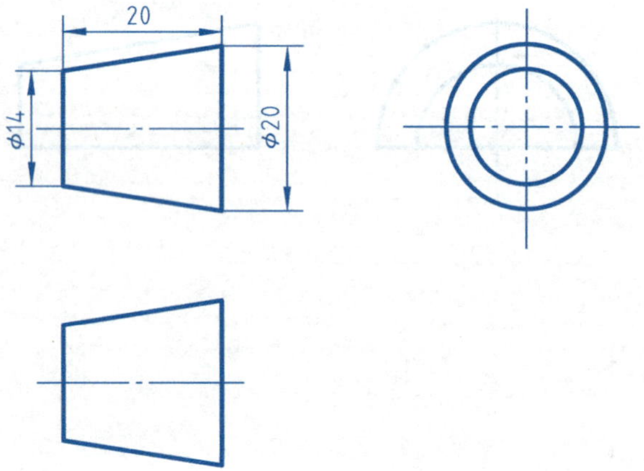

4.

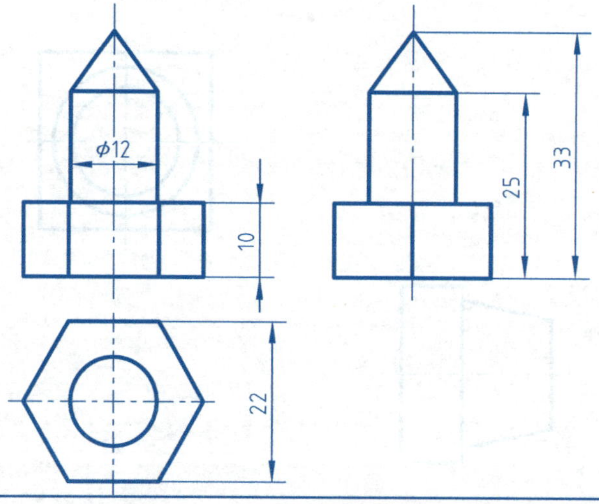

班级　　　　姓名　　　　学号

3.3 根据基本体三视图与尺寸，进行三维建模（二）

5.

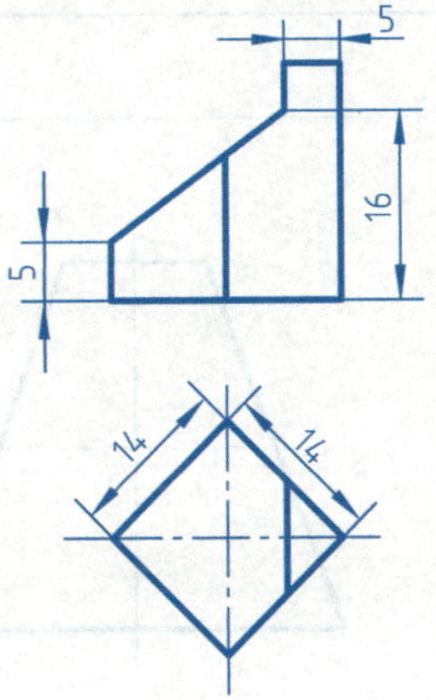

6.

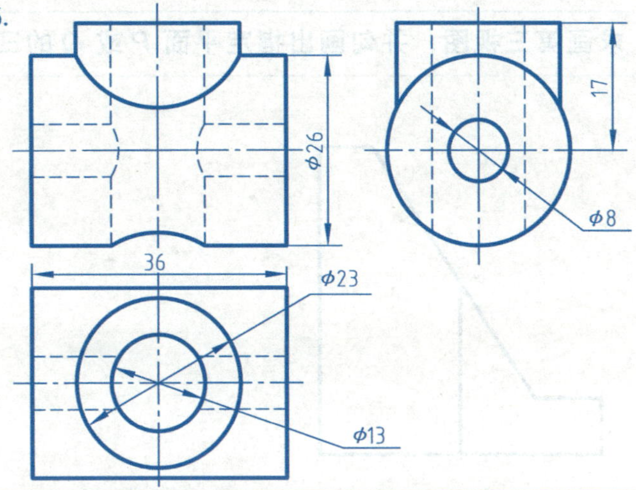

7.

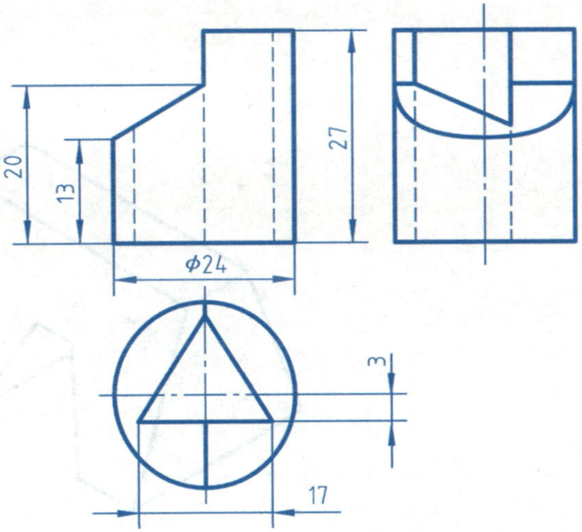

8.

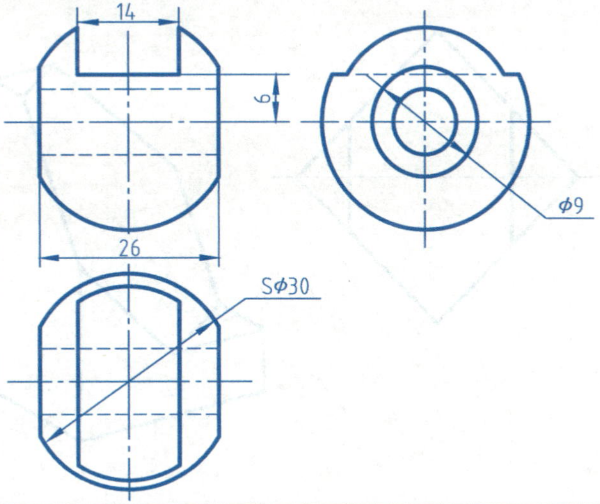

班级　　　　姓名　　　　学号

4.1 求画第三视图，并勾画出指定平面 P 或 Q 的三面投影

1.

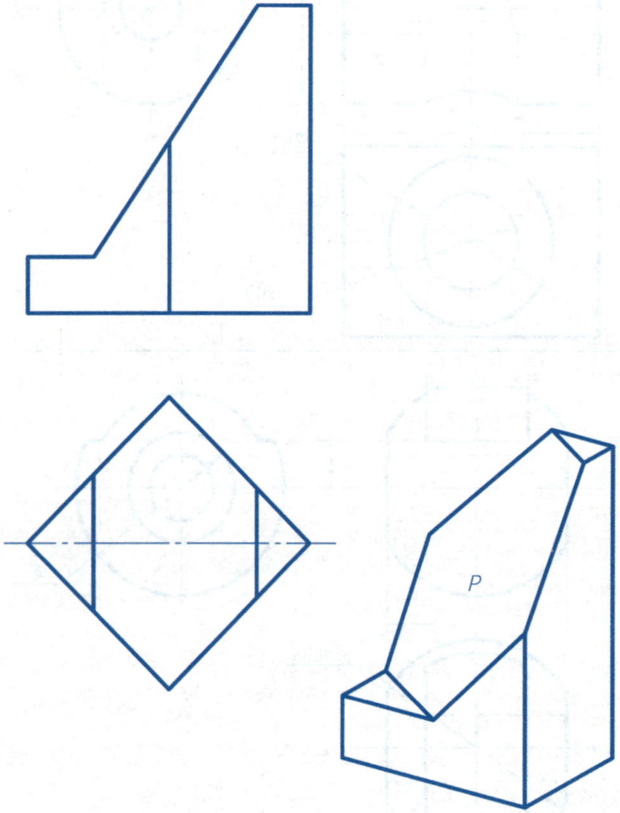

2.

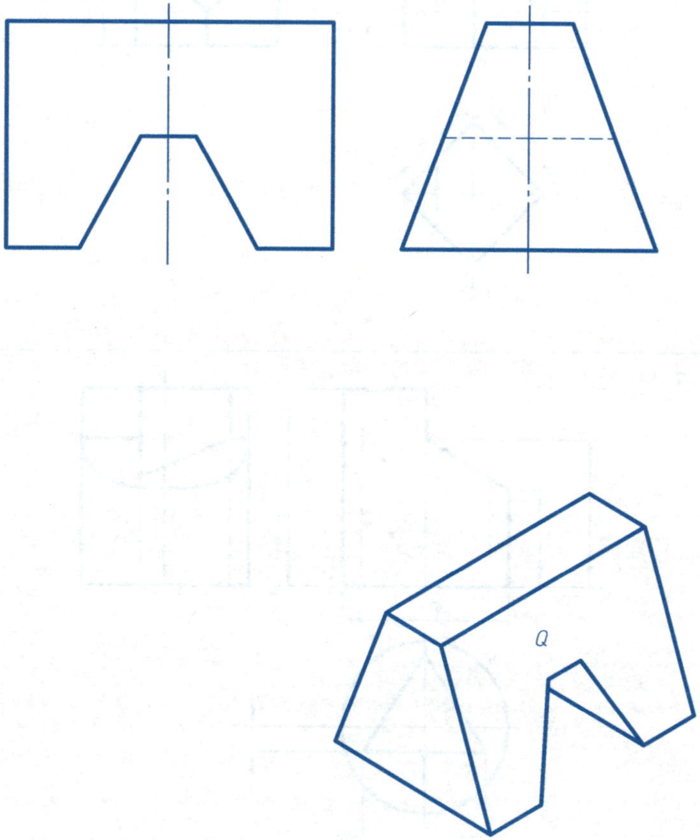

班级　　　　姓名　　　　学号

4.2 求作第三视图

1.

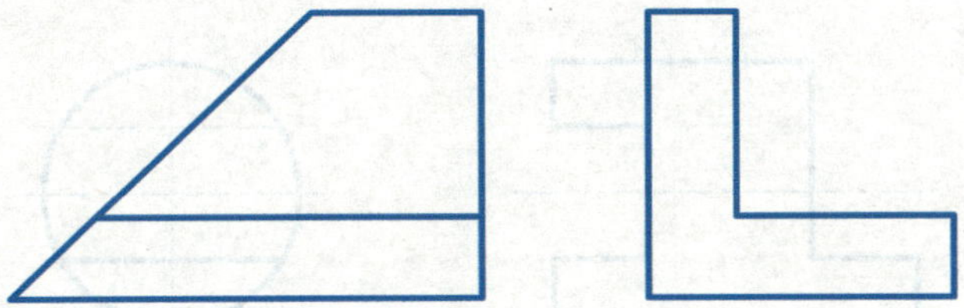

2.

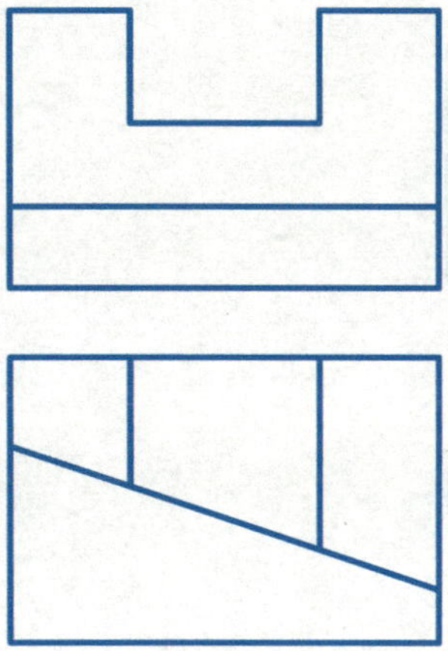

4.3 补全棱锥被截切后的俯视图，并求作第三视图

1.

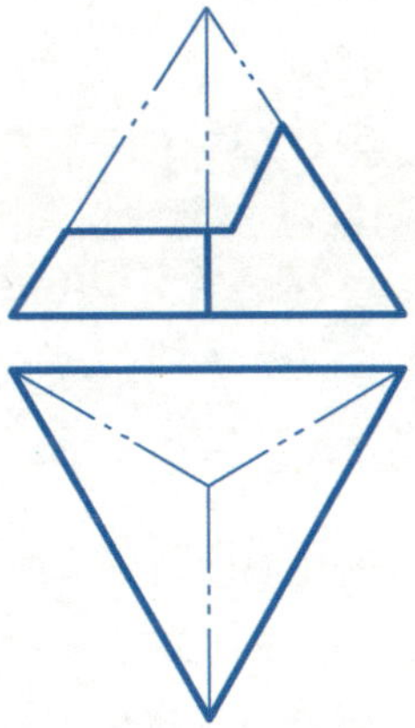

2.

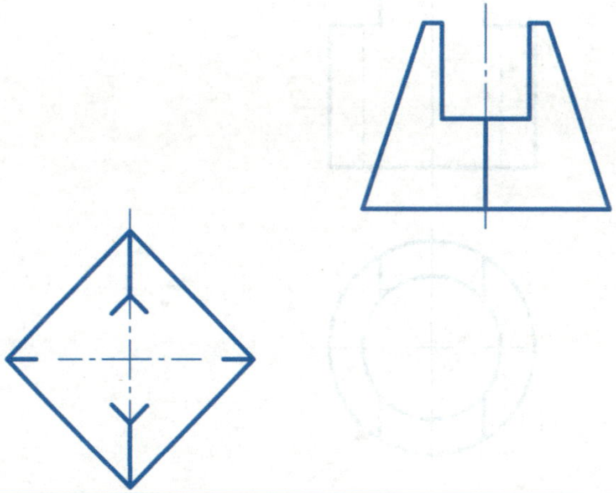

班级　　　　姓名　　　　学号

4.4　已知两视图，补画第三视图（一）

1.

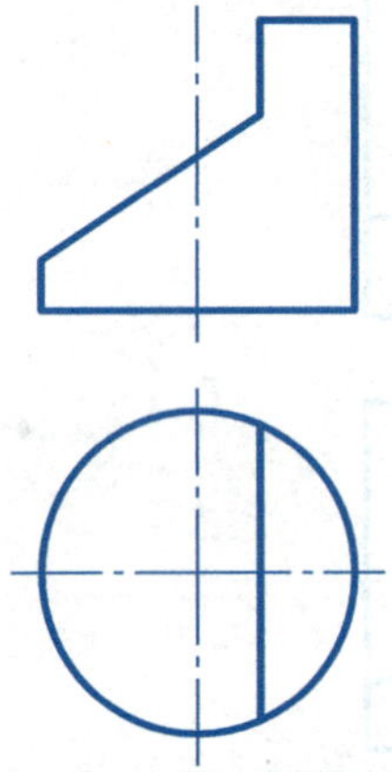

2.

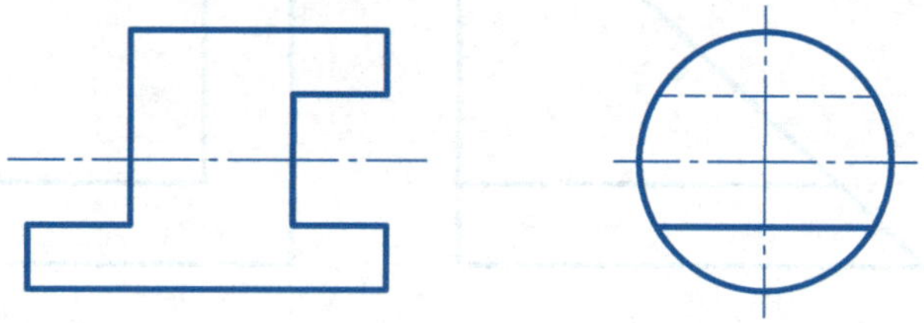

3.

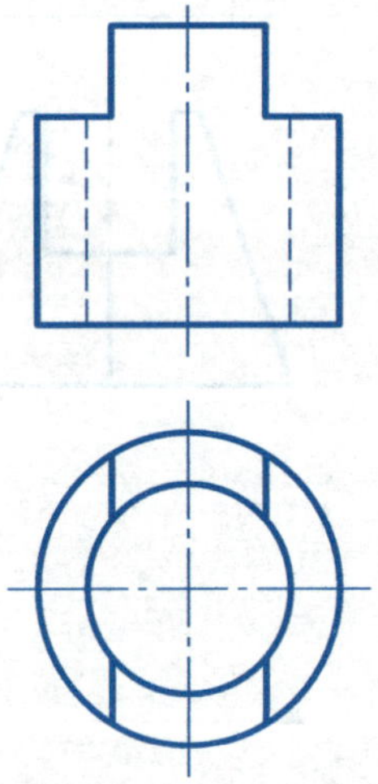

4.

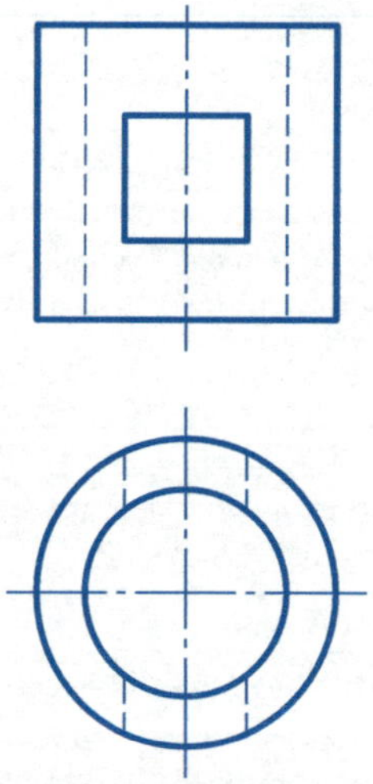

班级　　　　姓名　　　　学号

4.4　已知两视图，补画第三视图（二）

5.

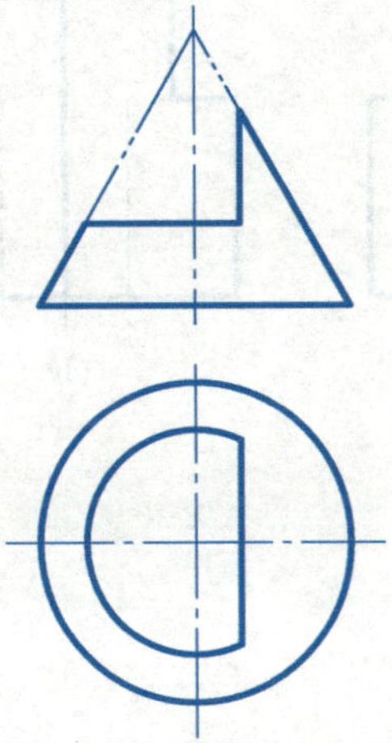

6.

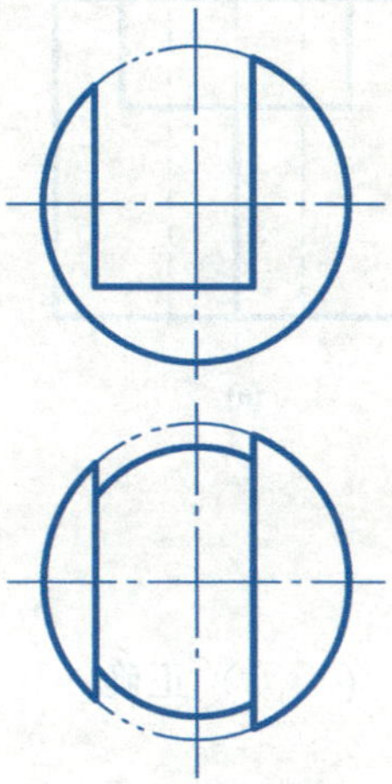

7.

8.

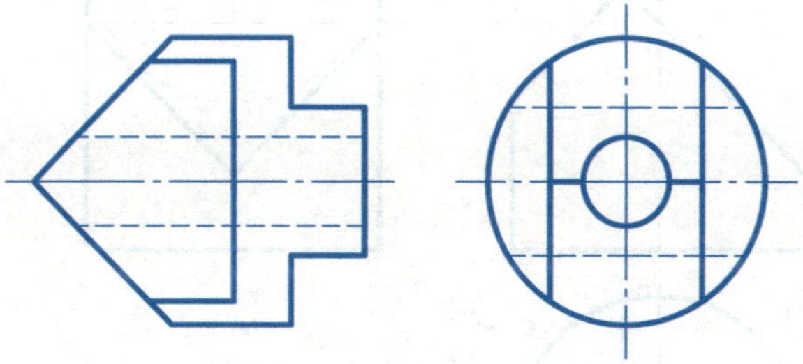

4.5　已知主视图和俯视图，选择正确的左视图（一）

1.

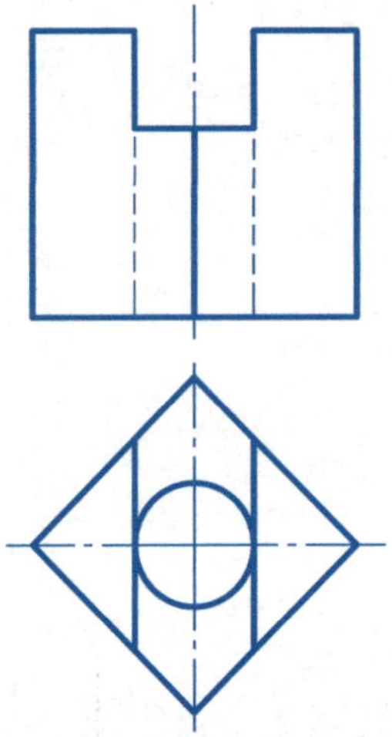

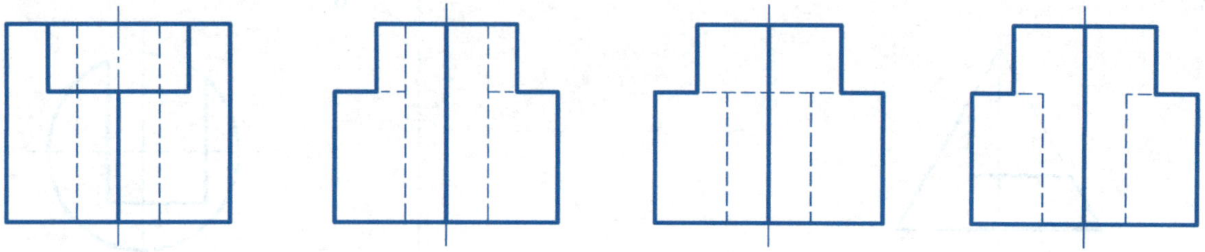

(a)　　(b)　　(c)　　(d)

（　　）正确

2.

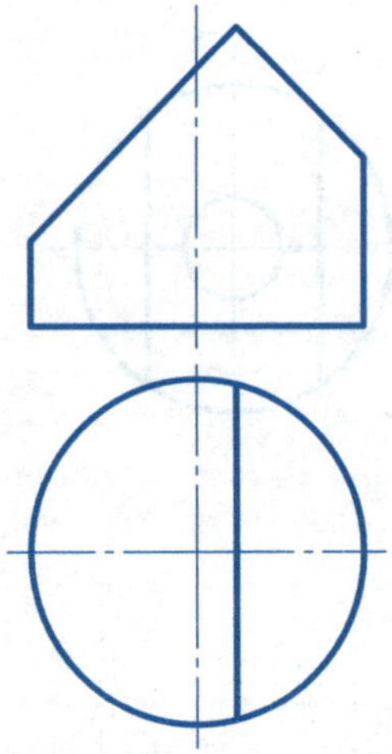

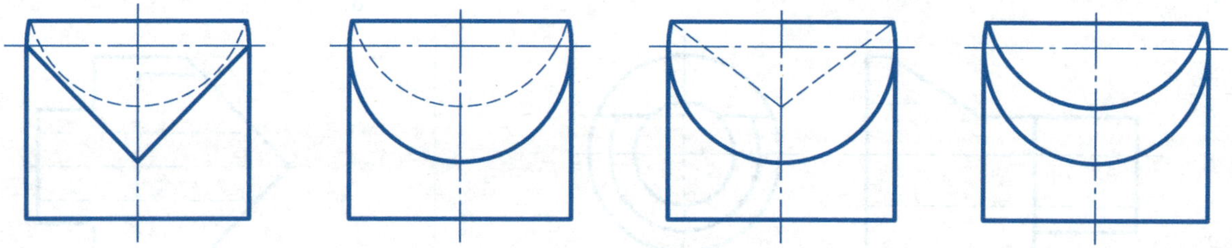

(a)　　(b)　　(c)　　(d)

（　　）正确

班级　　姓名　　学号

4.5 已知主视图和俯视图，选择正确的左视图（二）

3.

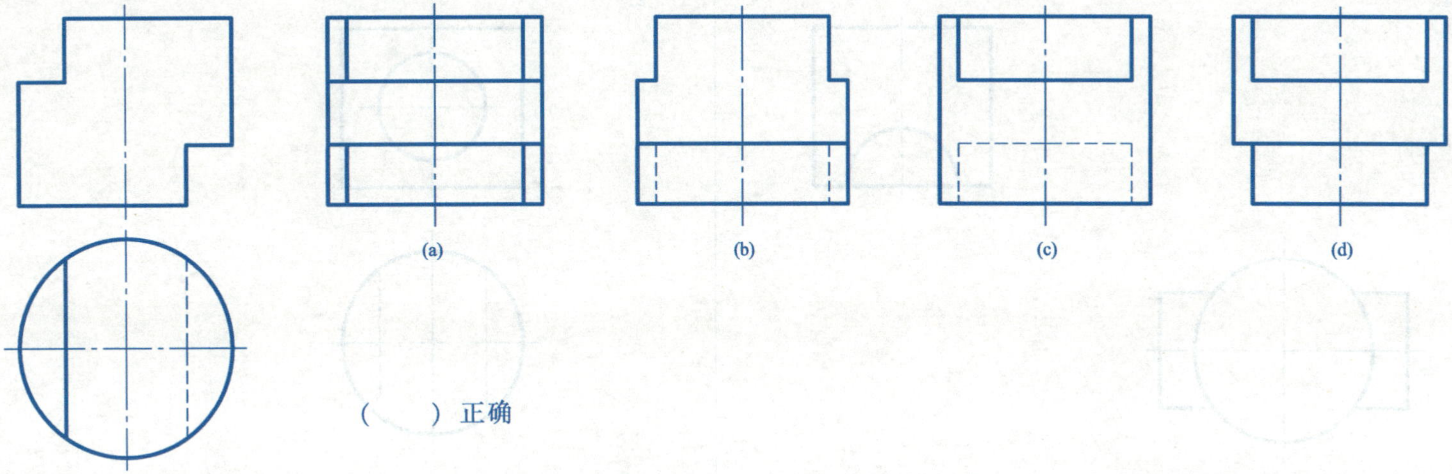

（　　）正确

4.

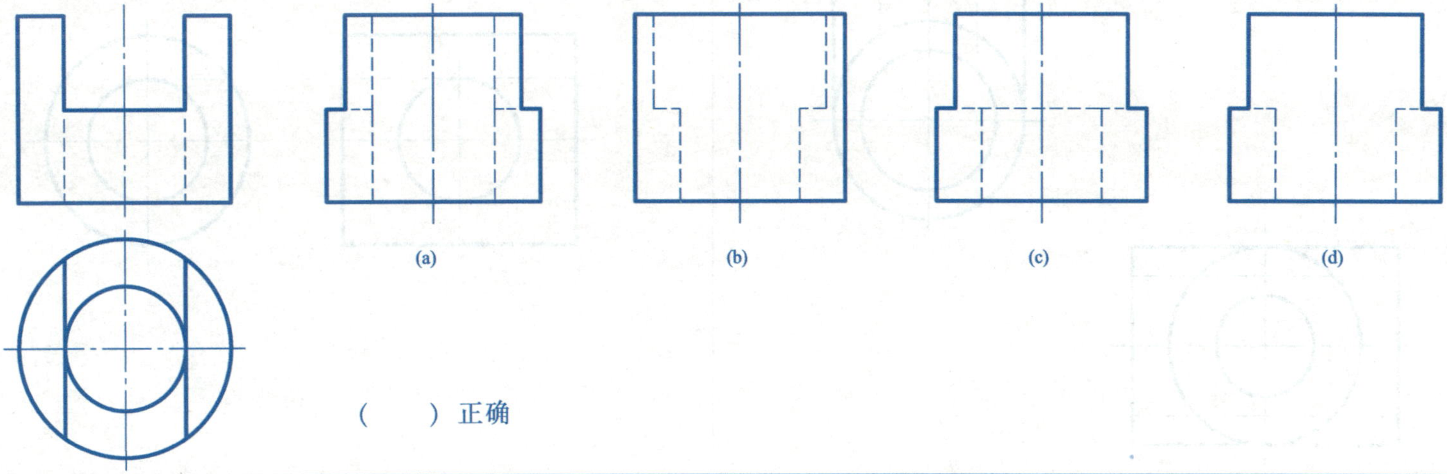

（　　）正确

班级　　　　姓名　　　　学号

4.6 已知两视图，补画第三视图（一）

1.

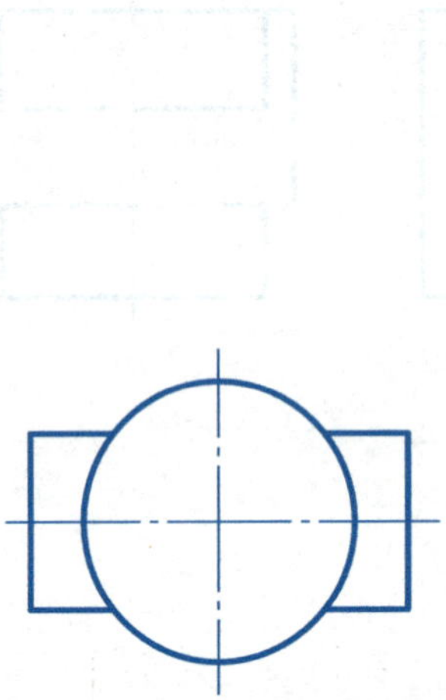

2.

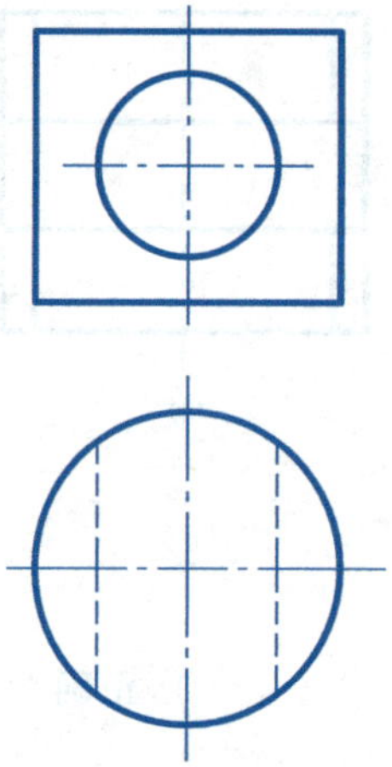

3.

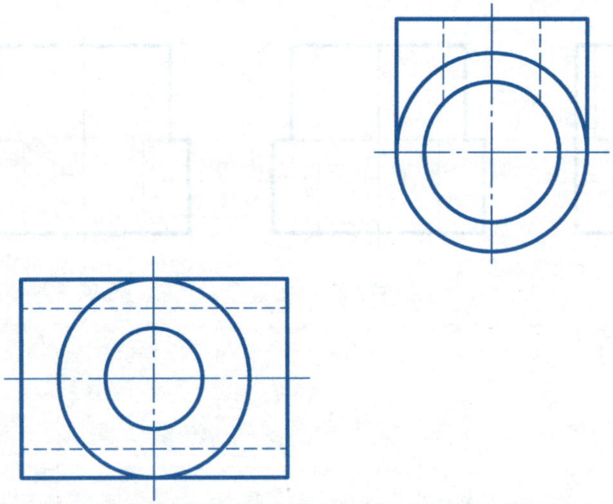

4.

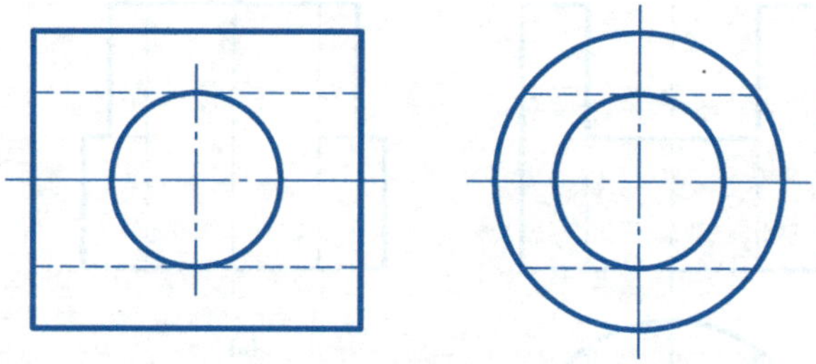

4.6 已知两视图，补画第三视图（二）

5.

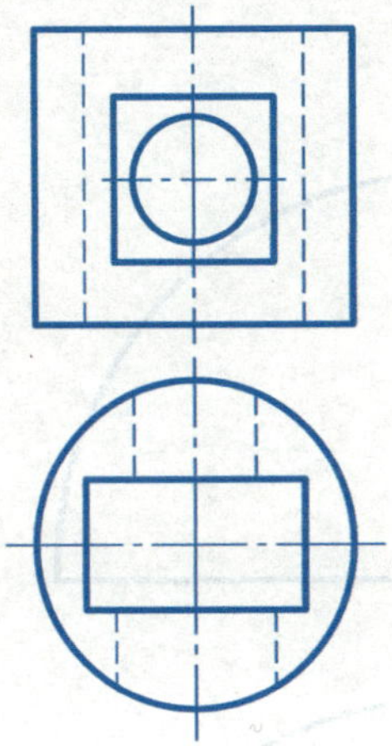

6.

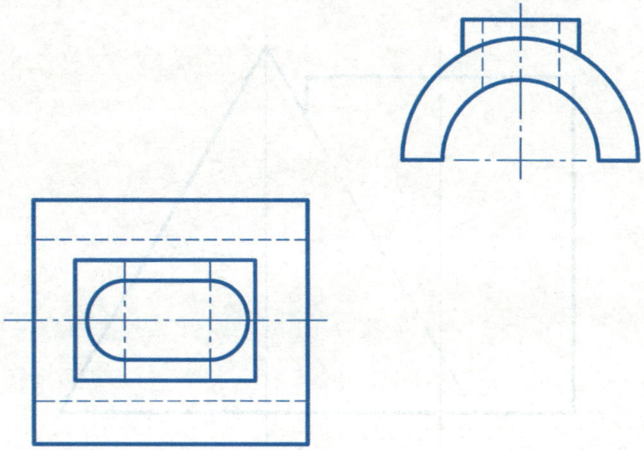

7.

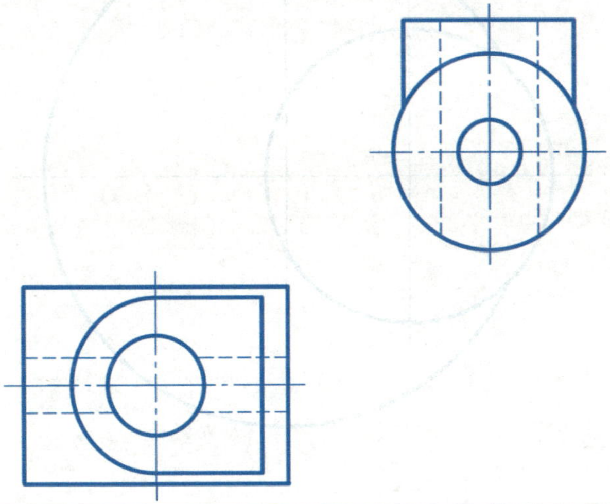

8.

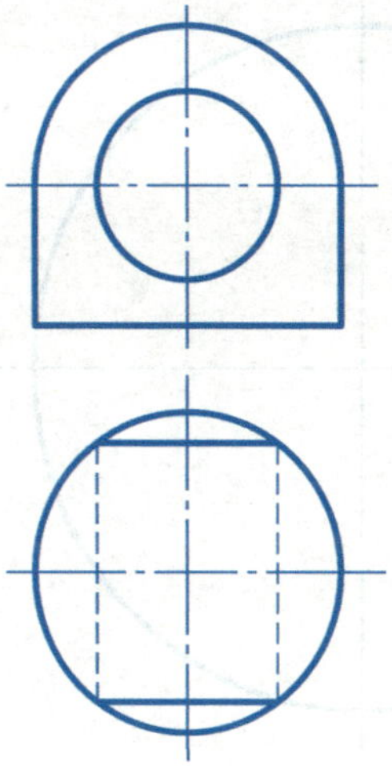

4.7　用辅助平面法求相贯线的正面投影

1.

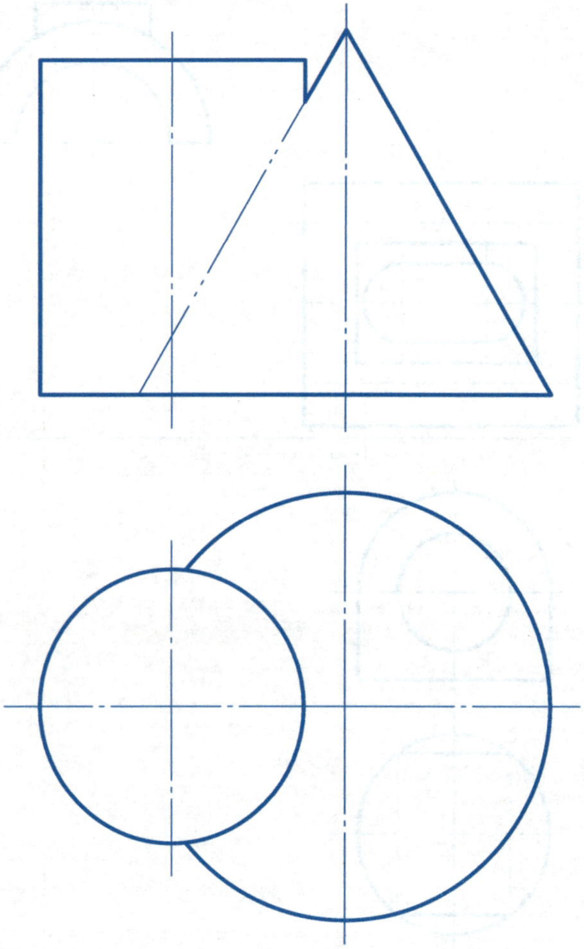

2.

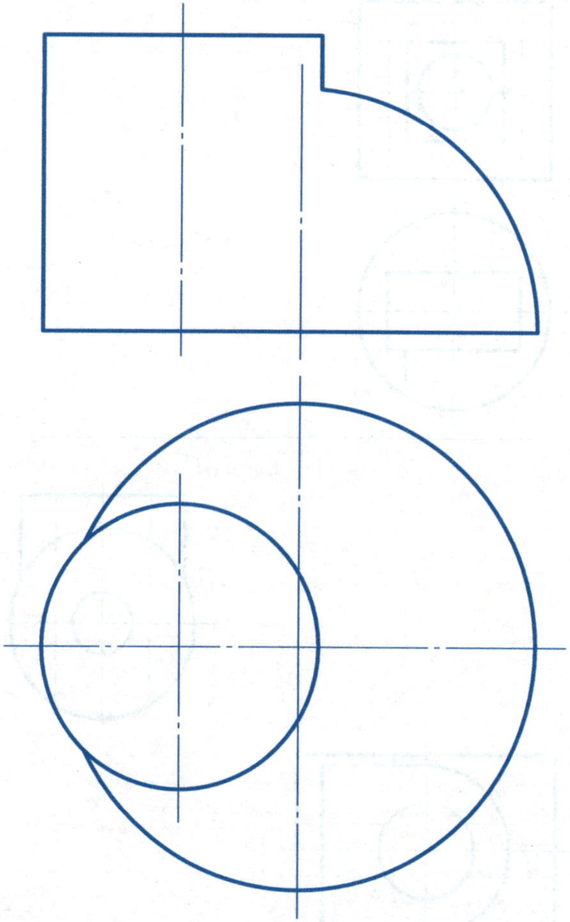

班级　　　　姓名　　　　学号

5.1 根据立体两视图，画出其正等轴测图，并补画出第三视图（一）

1.

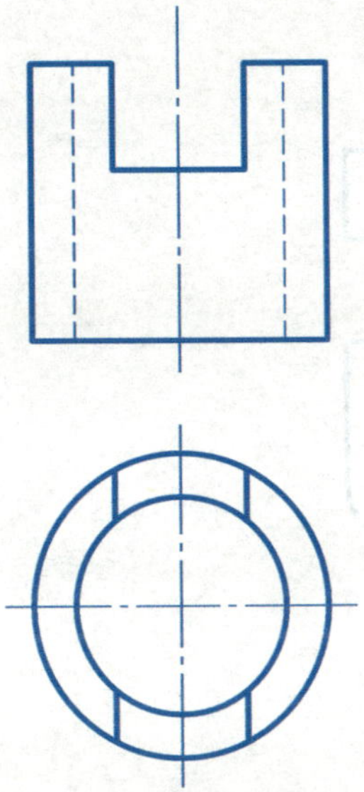

2.

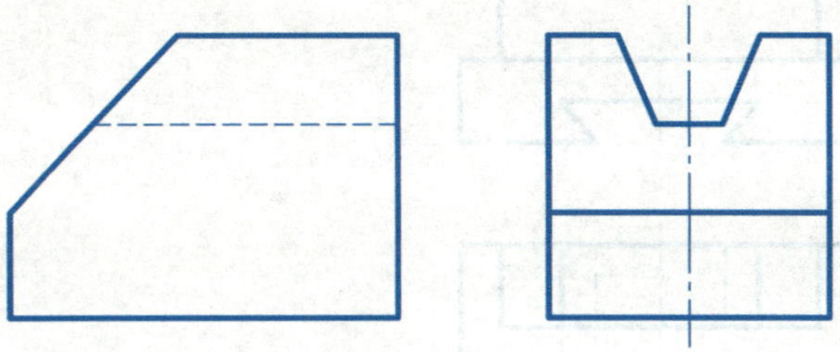

5.1　根据立体两视图，画出其正等轴测图，并补画出第三视图（二）

3.

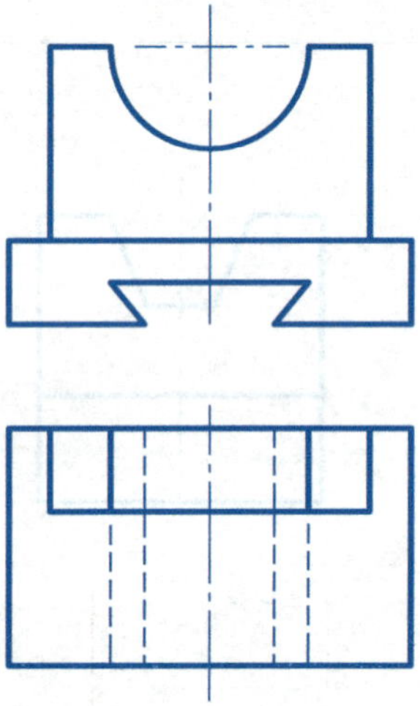

4.

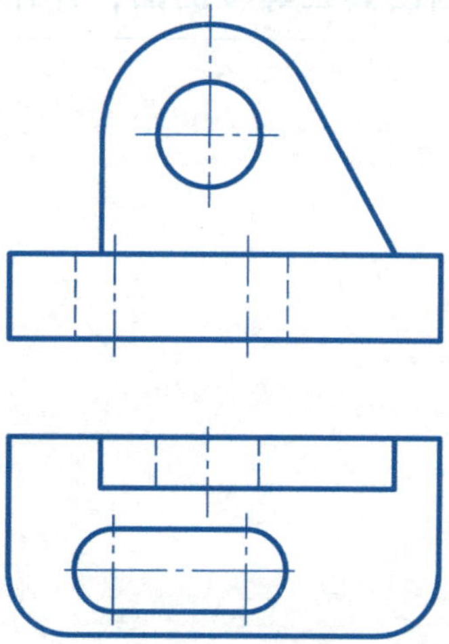

5.2 根据立体三视图，画出其正等轴测图

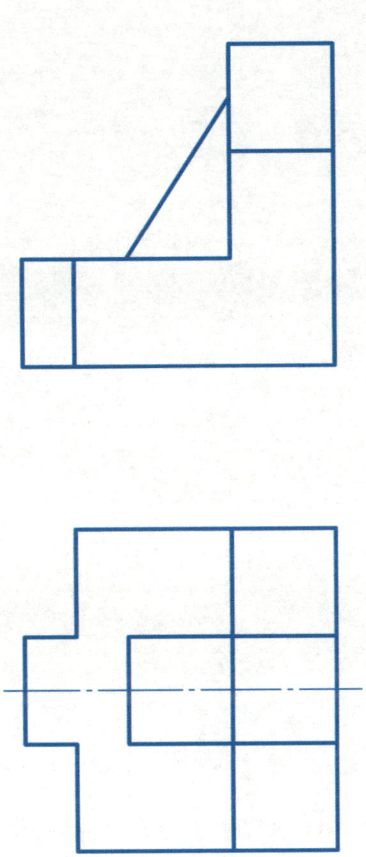

班级　　　　　　姓名　　　　　　学号

5.3　根据立体的两视图，画出其斜二轴测图（一）

1.

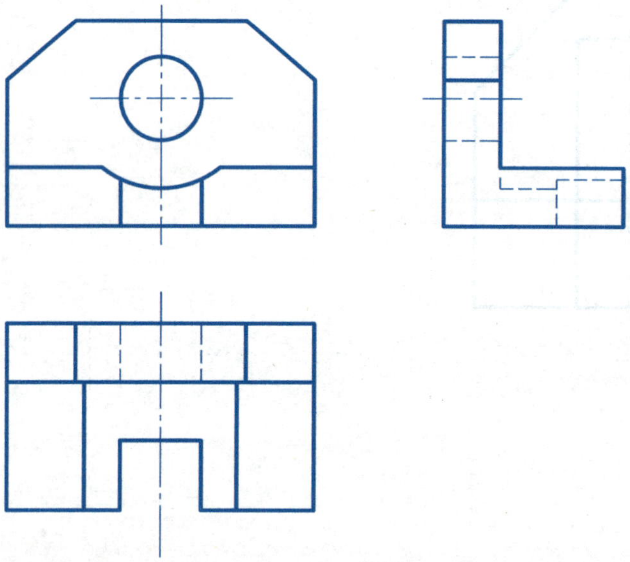

班级　　　　姓名　　　　学号

5.3　根据立体的两视图，画出其斜二轴测图（二）

2.

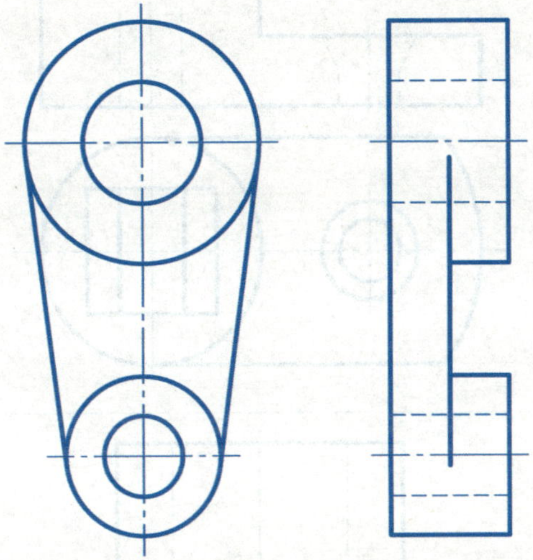

第六章　组合体的视图与形体构思

班级　　　　姓名　　　　学号

6.1　补画下列主视图中所缺的线（一）

1.

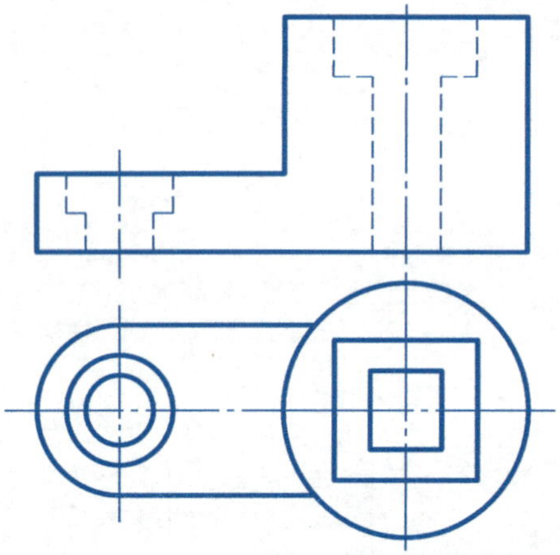

2.

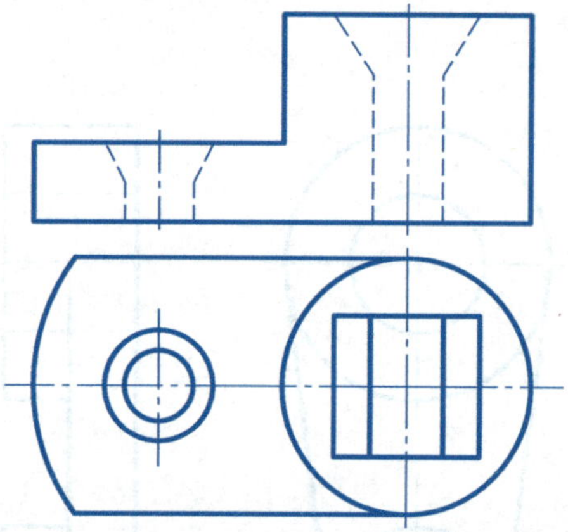

3.

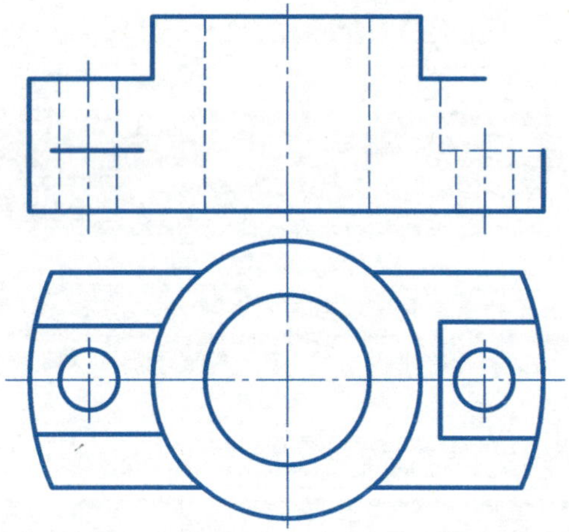

4.

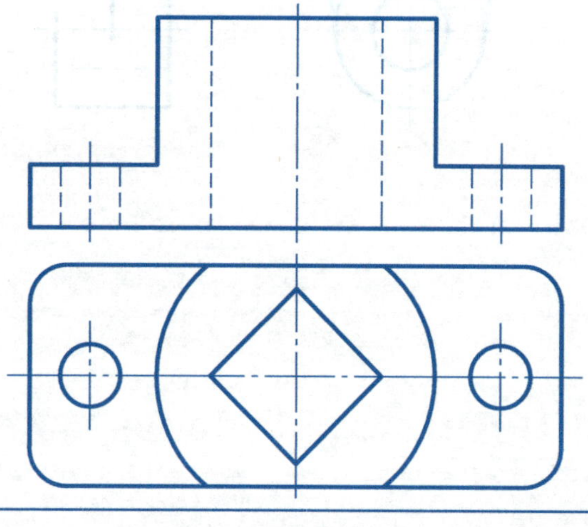

6.1　补画下列主视图中所缺的线（二）

5.

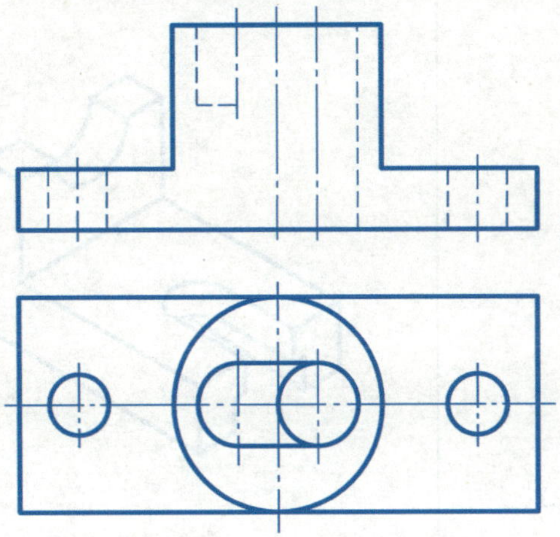

6.

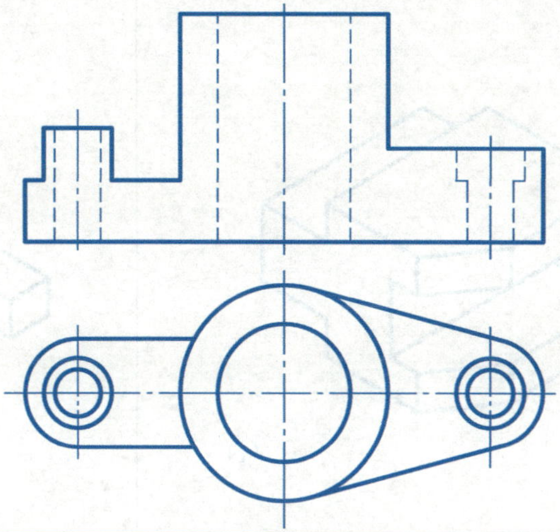

7.

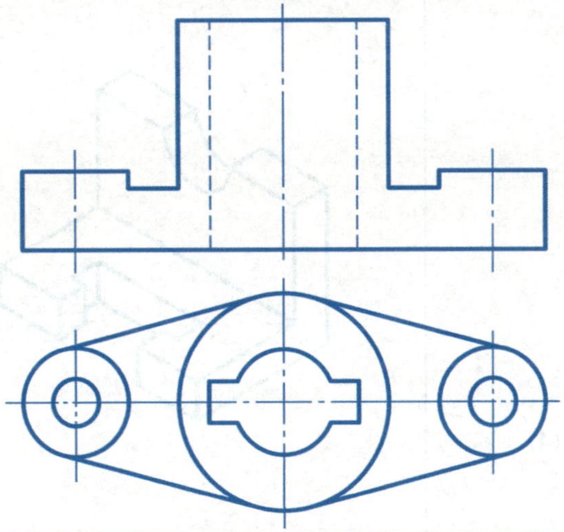

8.

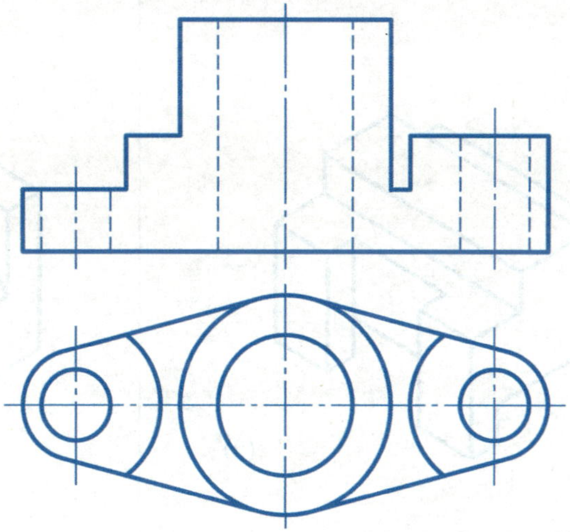

班级　　　　姓名　　　　学号

6.2 看懂轴测图，找出对应的三视图，并将正等轴测图编号填入相应三视图下的括号内（一）

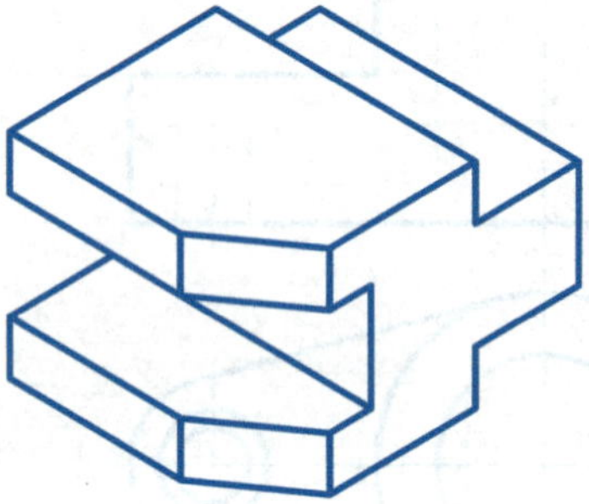

(1)

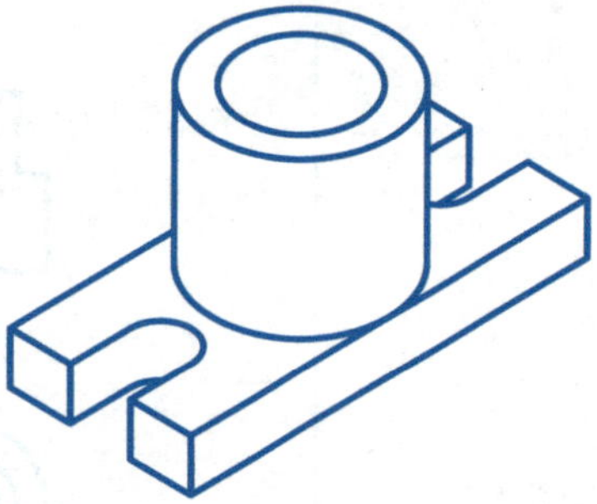

(3)

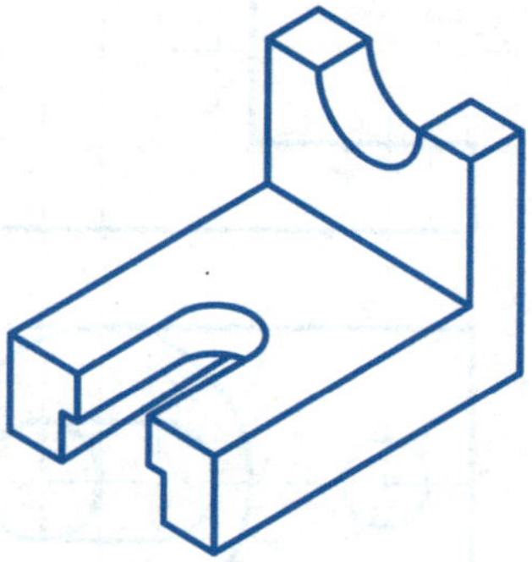

(5)

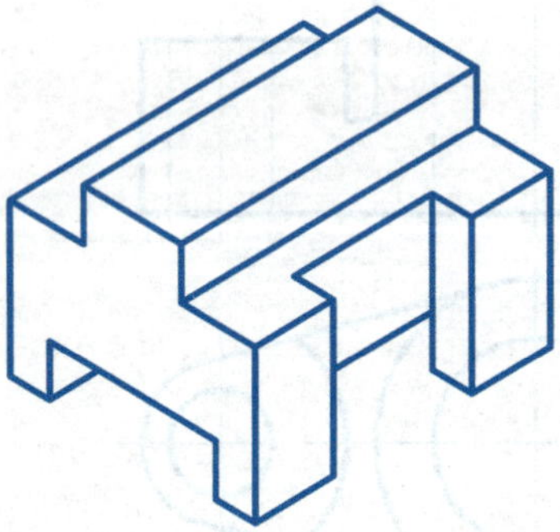

(2)

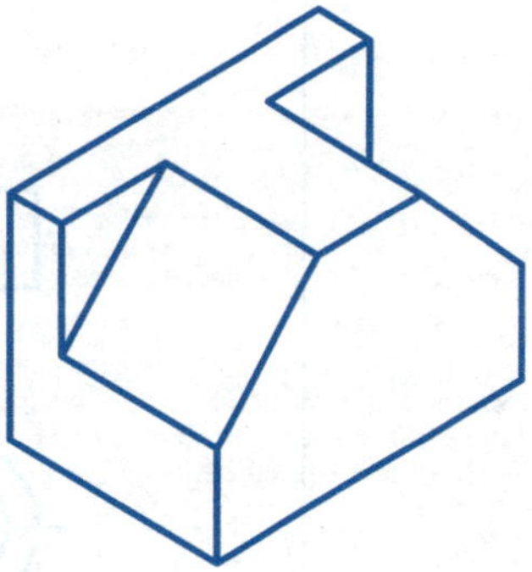

(4)

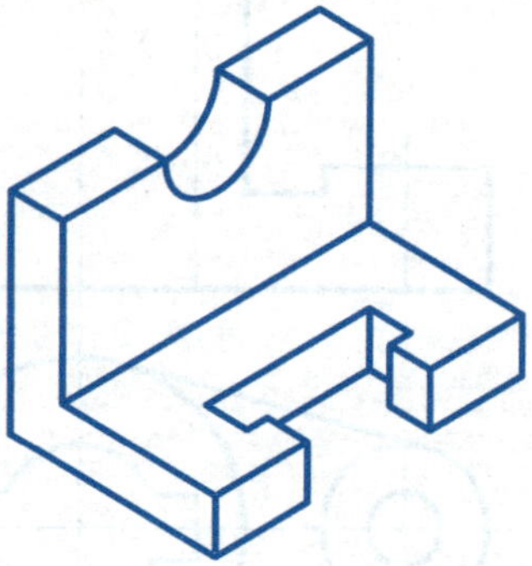

(6)

班级　　　　姓名　　　　学号

6.2　看懂轴测图，找出对应的三视图，并将正等轴测图编号填入相应三视图下的括号内（二）

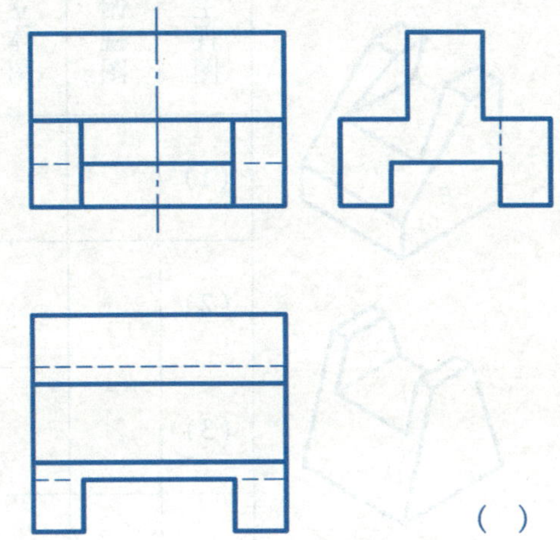

（　）

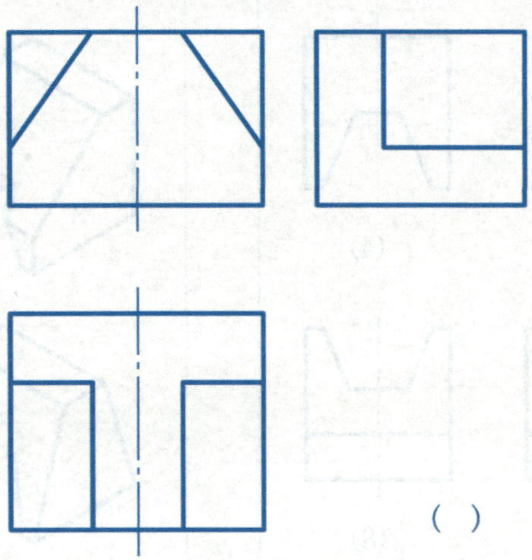

（　）

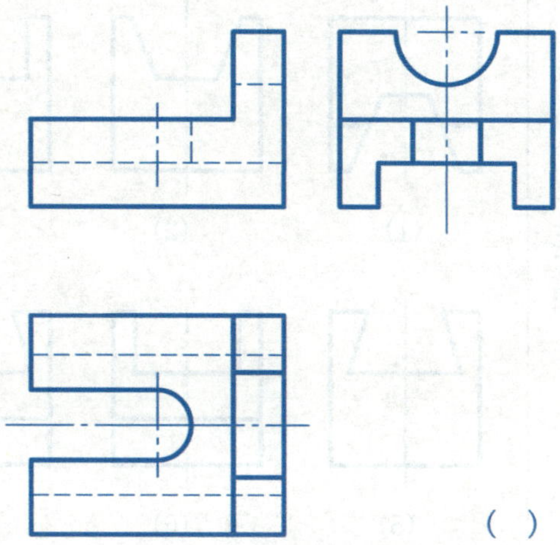

（　）

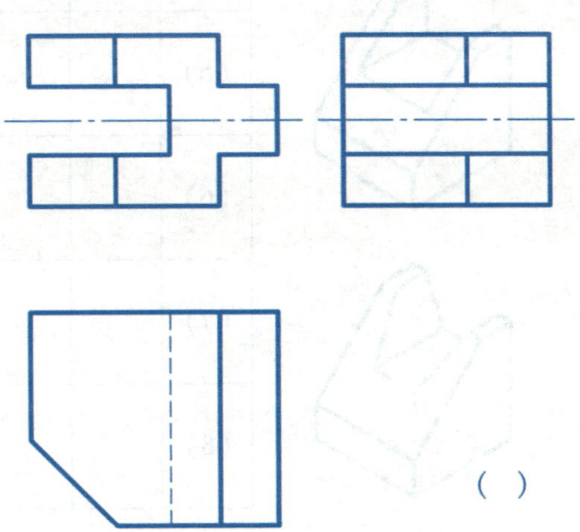

（　）

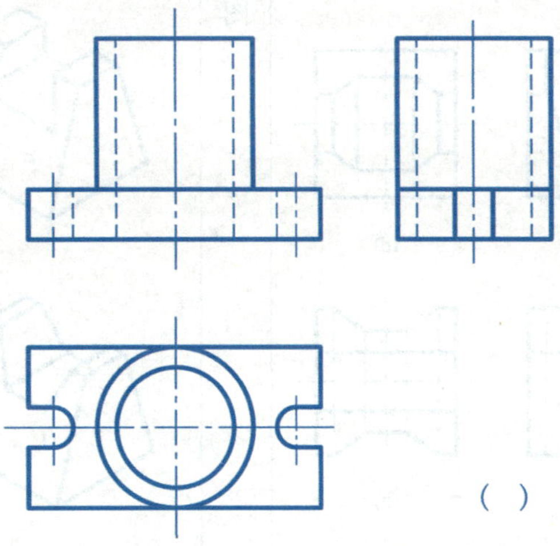

（　）

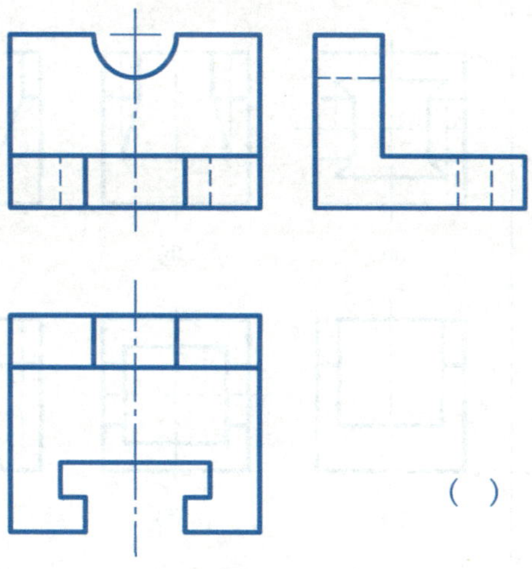

（　）

班级　　　　姓名　　　　学号

6.3　选择与主视图相对应的俯视图及立体图的编号填入表格内

主视图

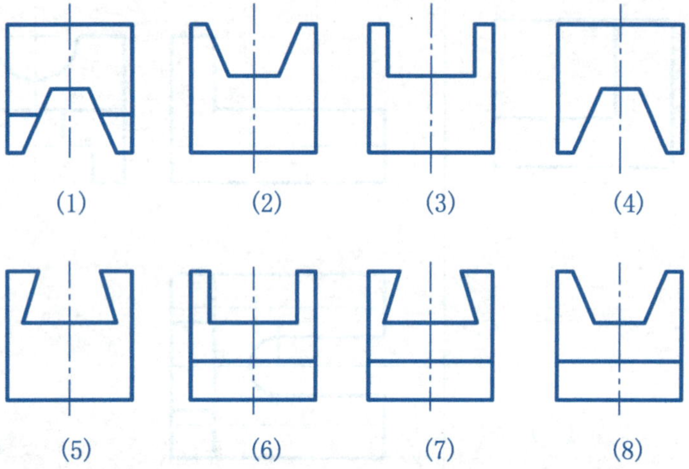

俯视图

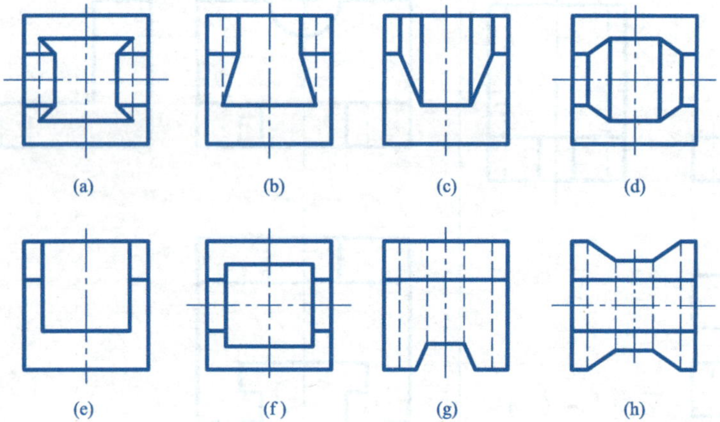

立体图

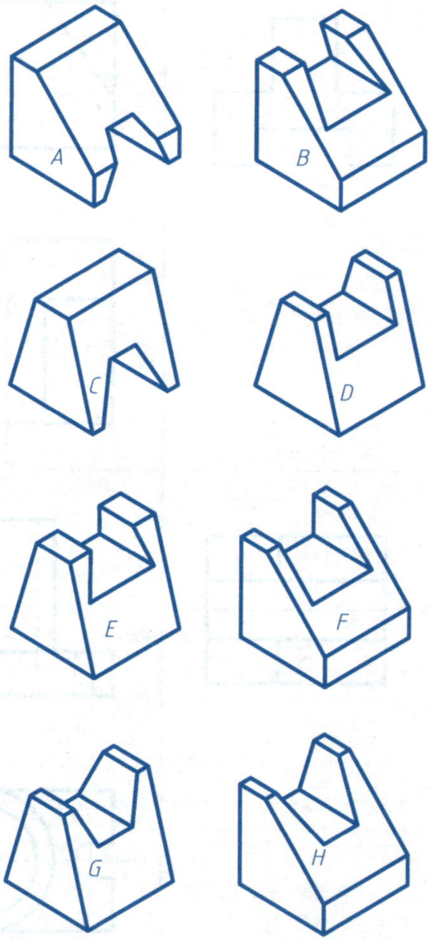

主视图	俯视图	立体图
(1)		
(2)		
(3)		
(4)		
(5)		
(6)		
(7)		
(8)		

班级　　　　姓名　　　　学号

6.4　已知组合体正等轴测图，画出三视图（尺寸从图中按 1∶1 量取，取整；孔均为通孔）（一）

1.

3.

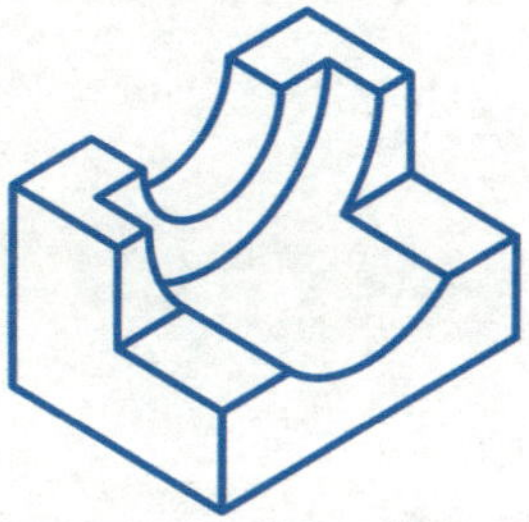

2.

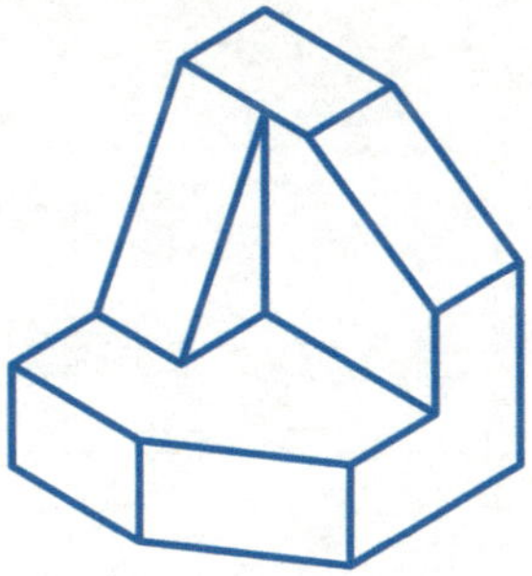

4.

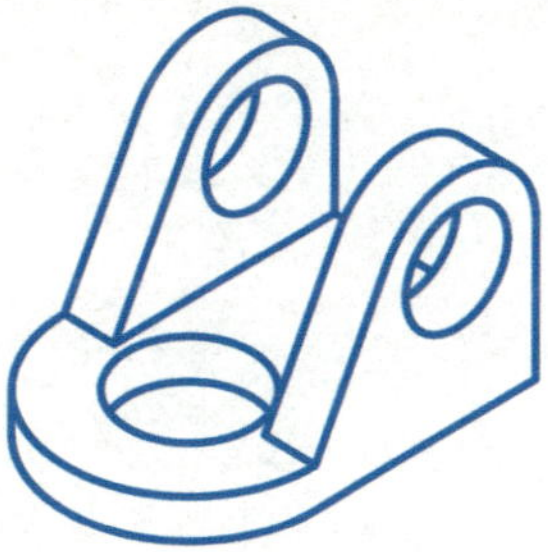

班级　　　　姓名　　　　学号

6.4　已知组合体正等轴测图，画出三视图（尺寸从图中按 1：1 量取，取整；孔均为通孔）（二）

5.

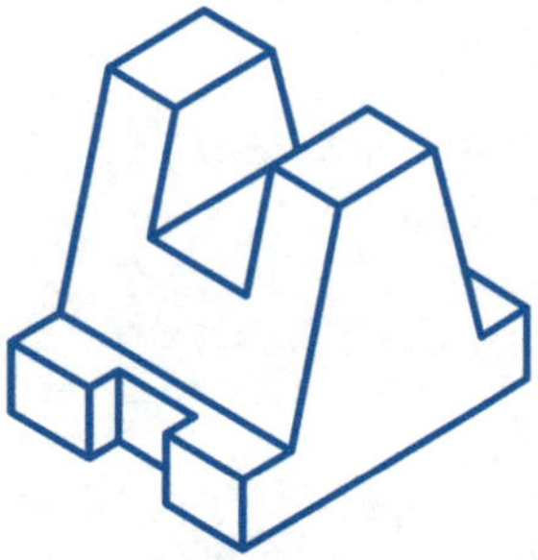

6.

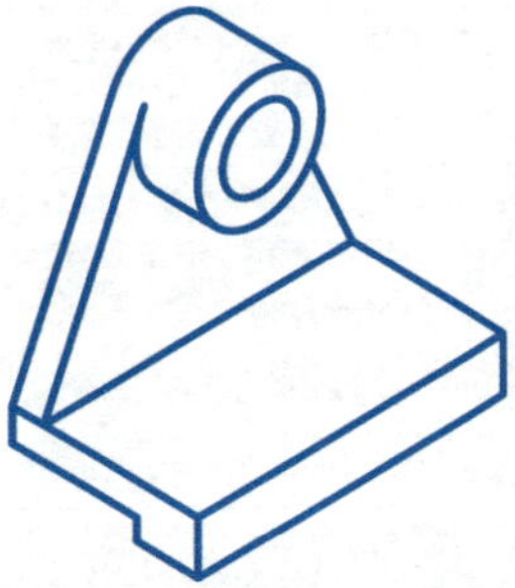

7.

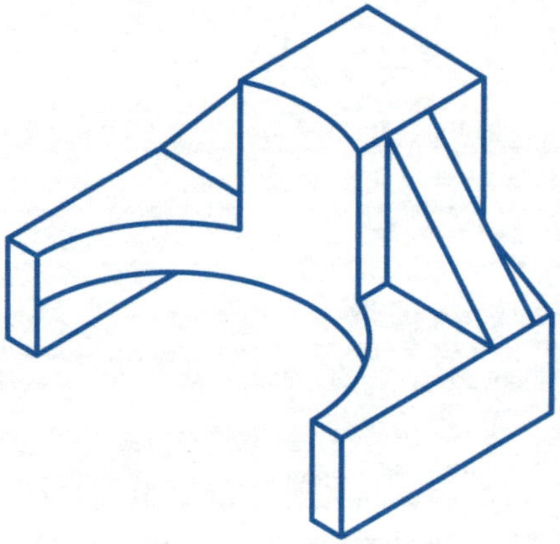

班级　　　　　　姓名　　　　　　学号

6.4 已知组合体正等轴测图，画出三视图（尺寸从图中按 1∶1 量取，取整；孔均为通孔）（三）

8.

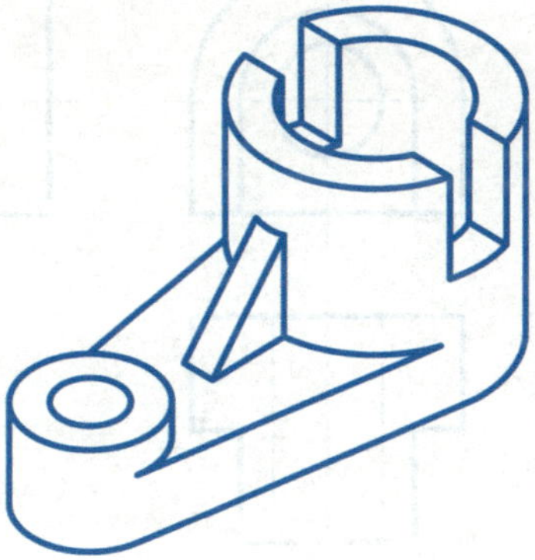

9.

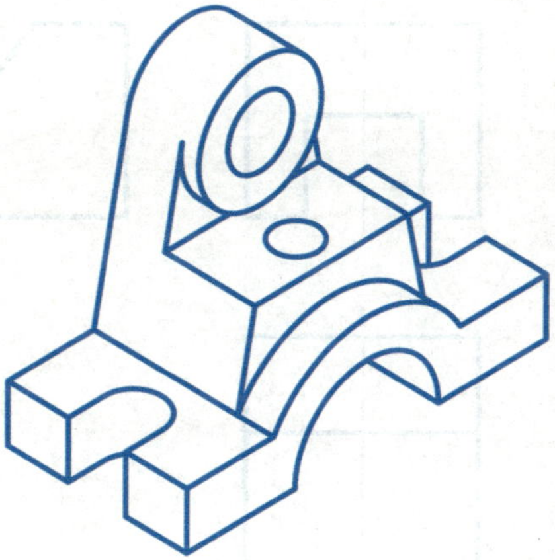

班级　　　　姓名　　　　学号

6.5 看懂正等轴测图，补画视图中所缺图线（一）

1.

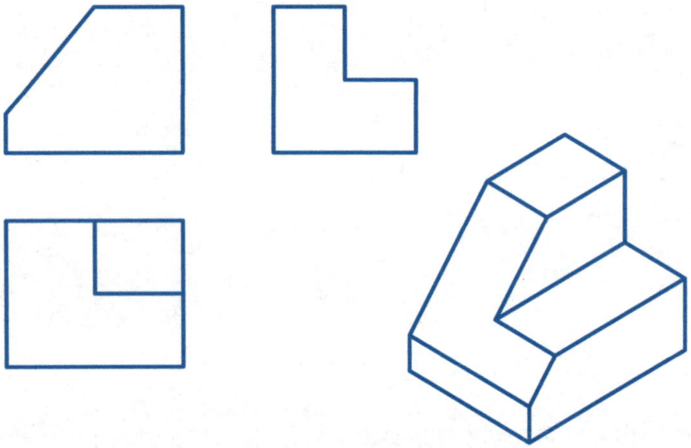

3.

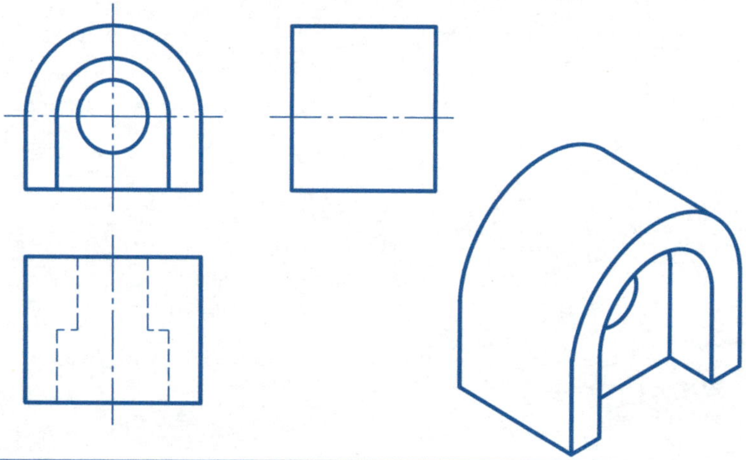

2.

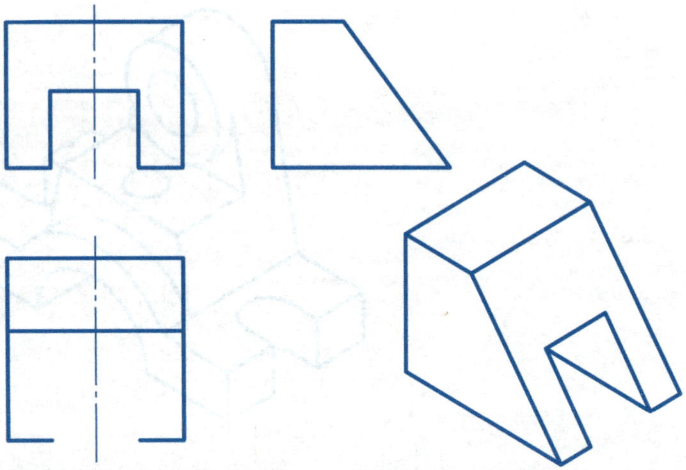

4.

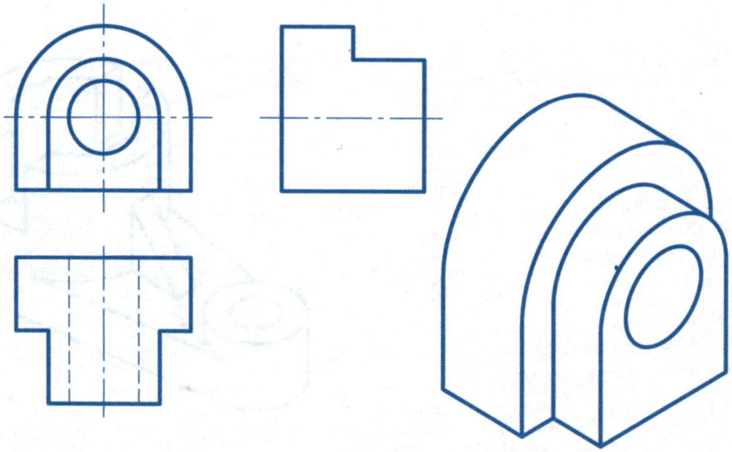

班级　　　　姓名　　　　学号

6.5 看懂正等轴测图，补画视图中所缺图线（二）

5.

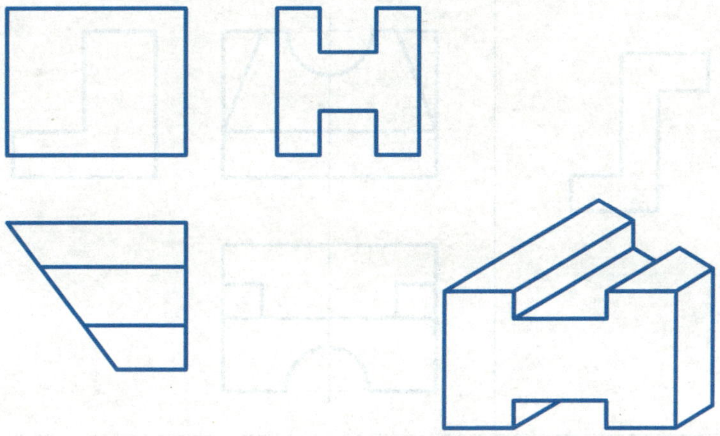

7.

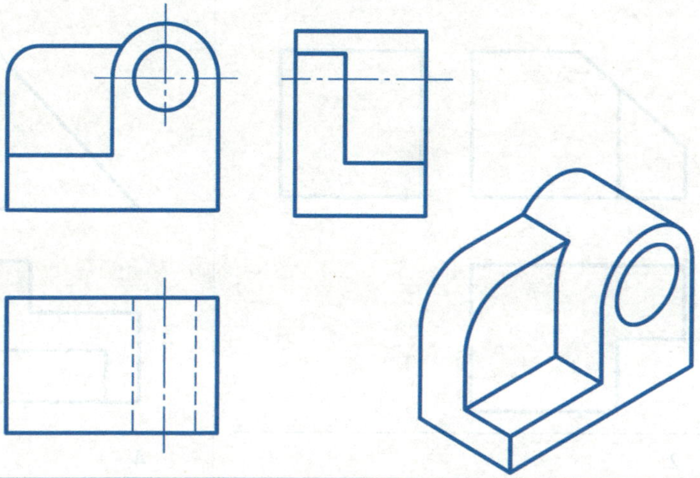

6.

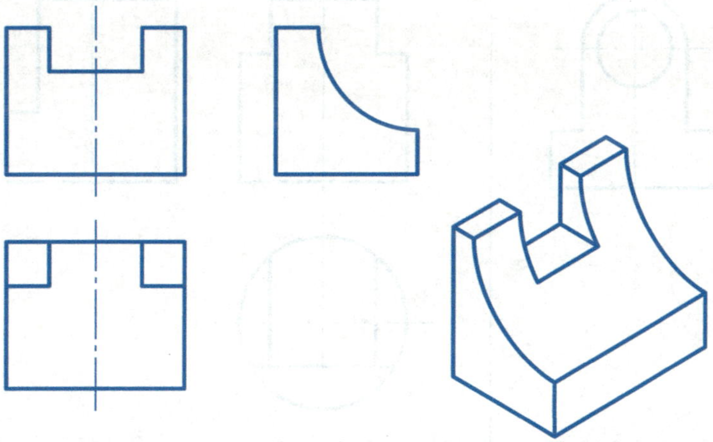

8.

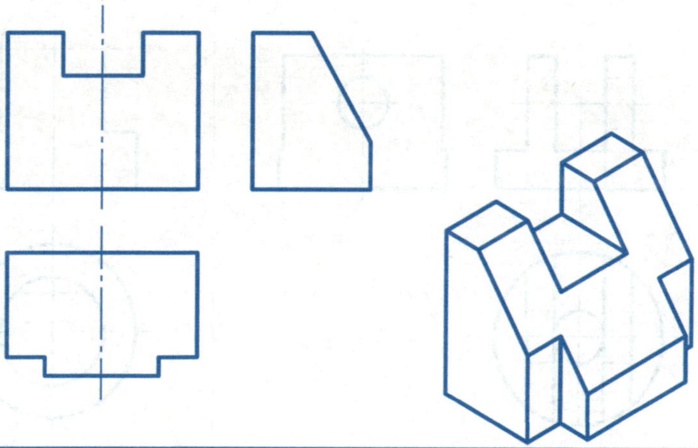

班级　　　　姓名　　　　学号

6.6　补画视图中所缺的线（一）

1.

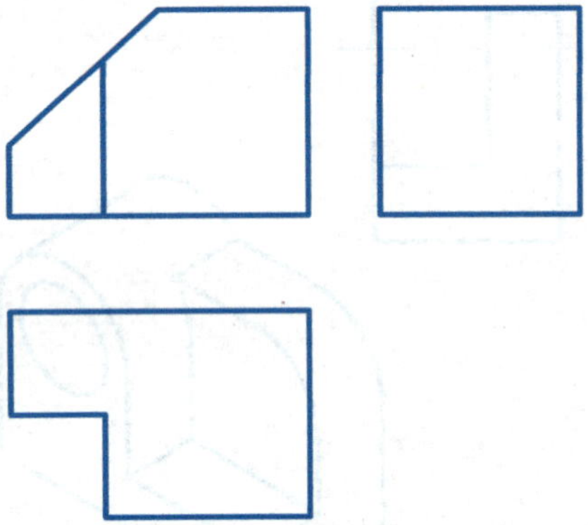

2.

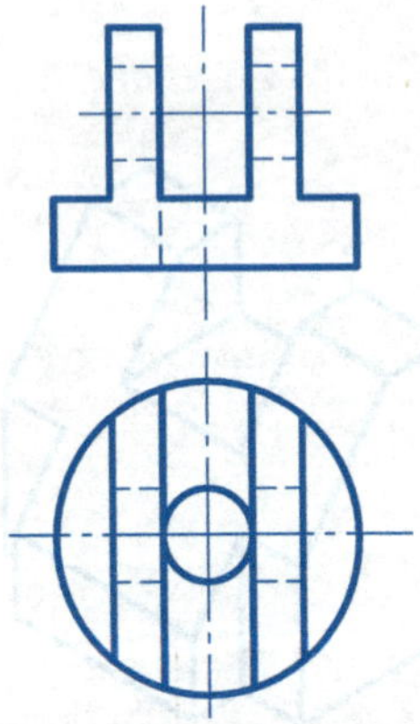

3.

4.

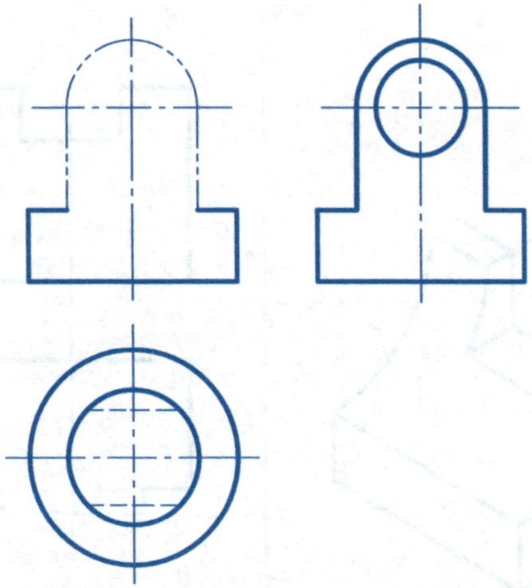

5.

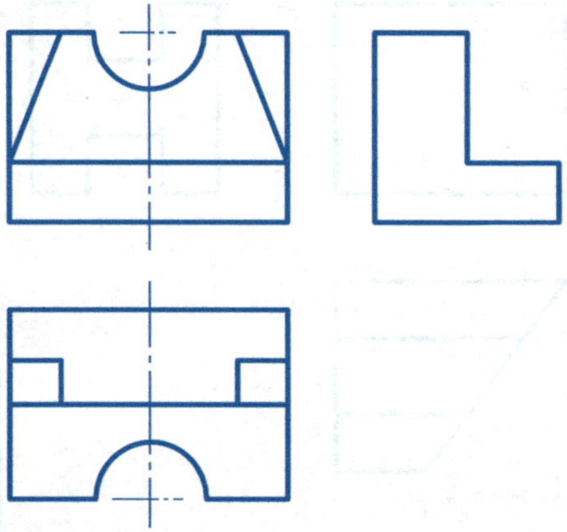

6.

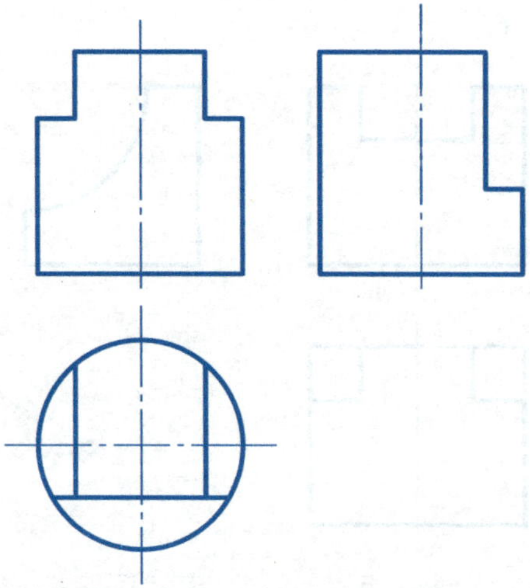

6.6 补画视图中所缺的线（二）

7.

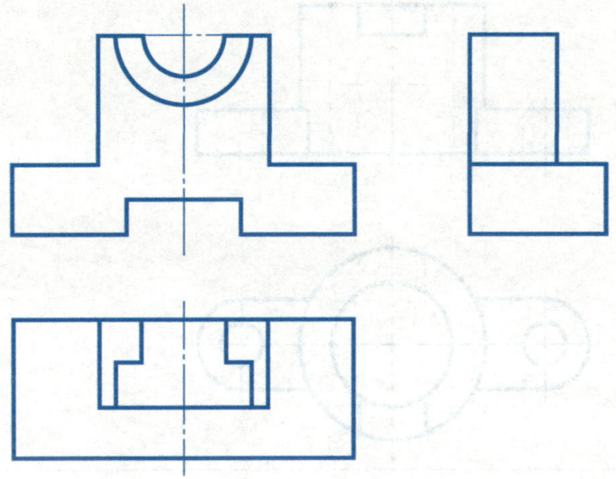

9.

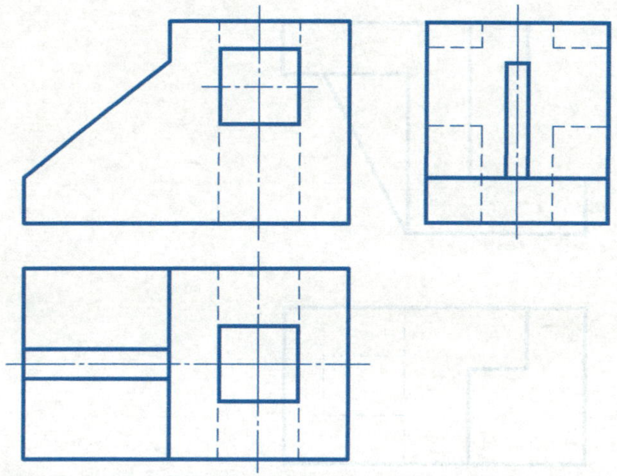

8.

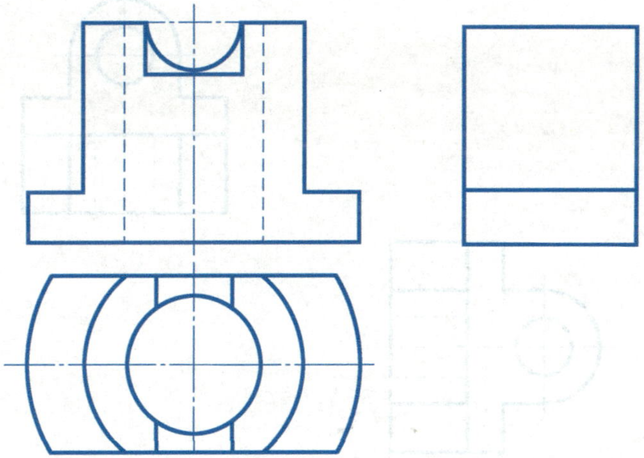

10.

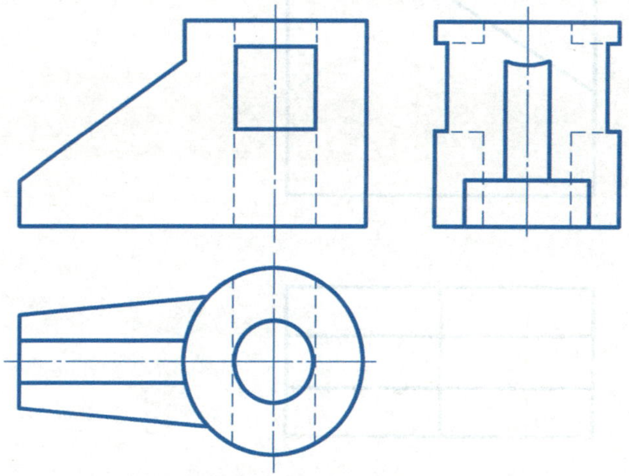

班级　　姓名　　学号

6.7　已知两视图，补画第三视图（一）

1.

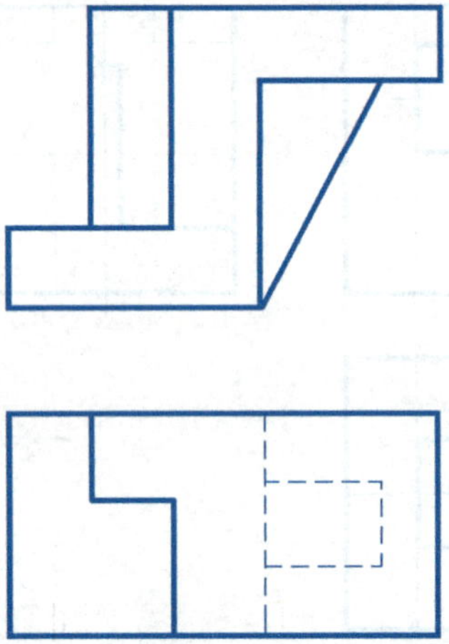

2.

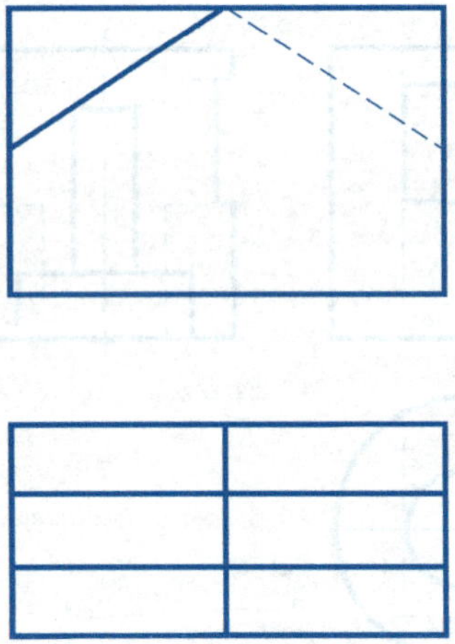

3.

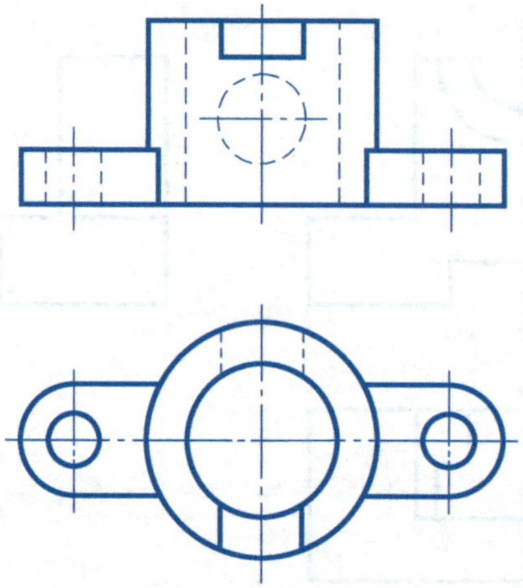

4.

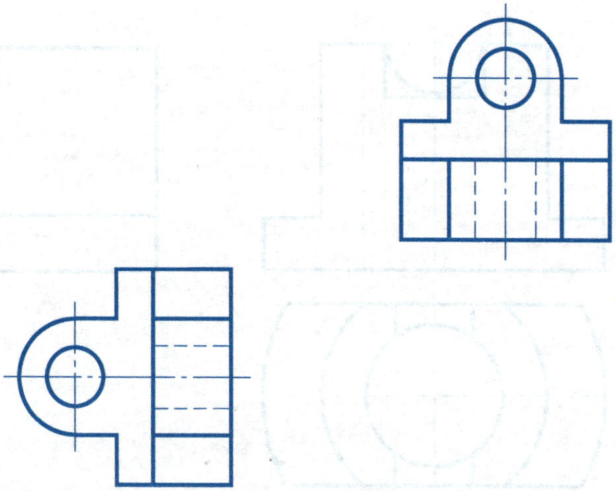

6.7 已知两视图，补画第三视图（二）

5.

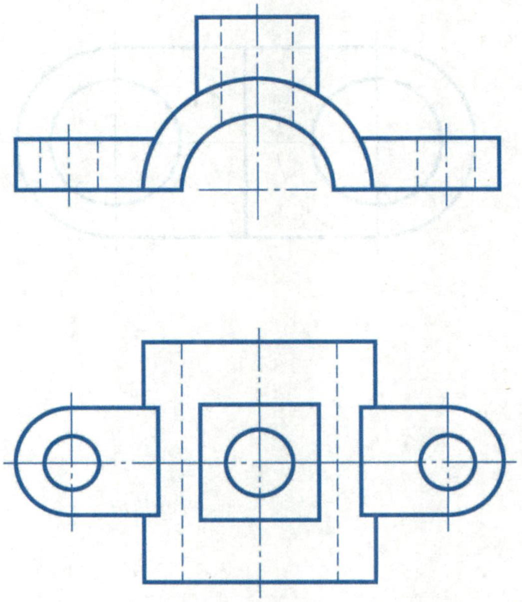

6.

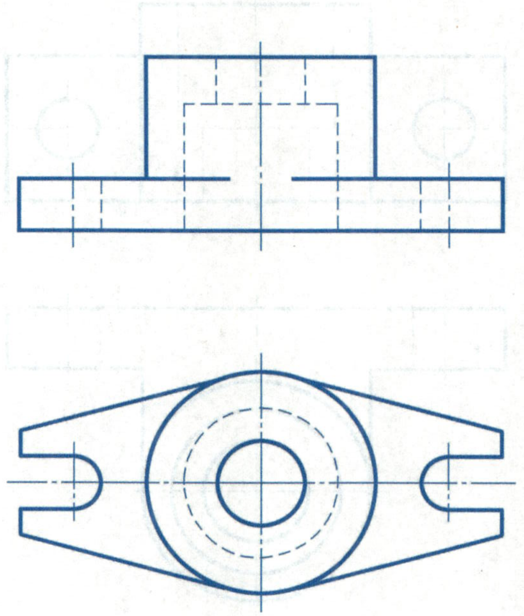

6.7 已知两视图，补画第三视图（三）

7.

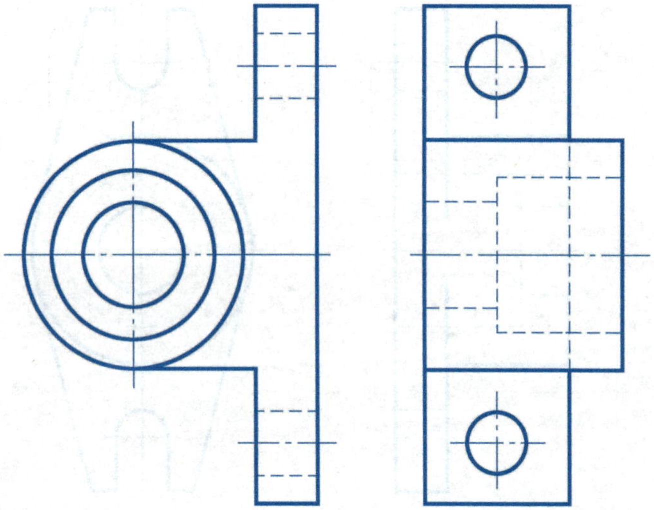

8.

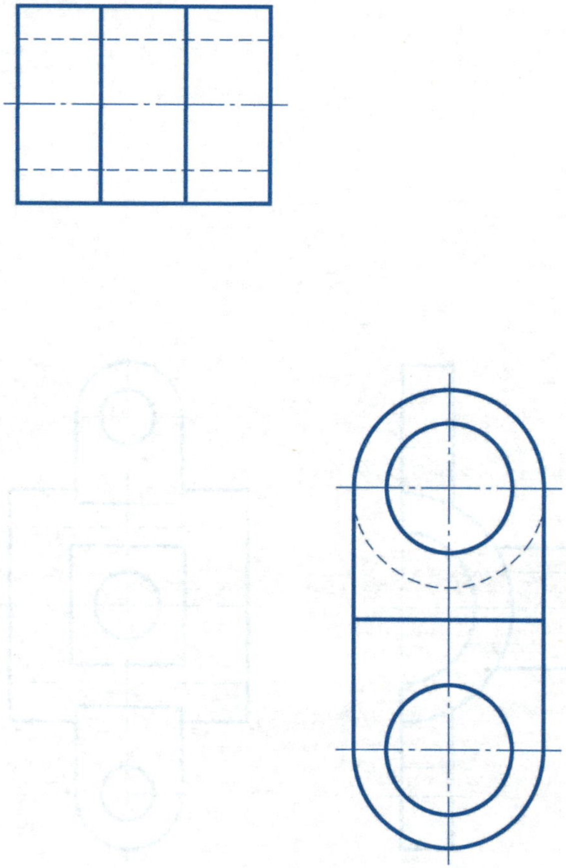

6.7 已知两视图，补画第三视图（四）

9.

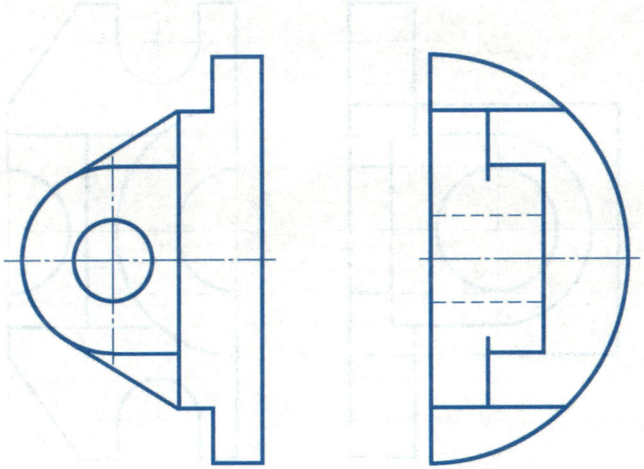

10.

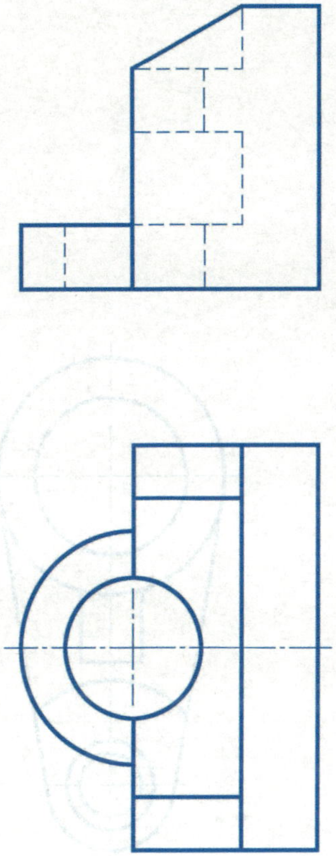

班级　　　　姓名　　　　学号

6.7 已知两视图，补画第三视图（五）

11.

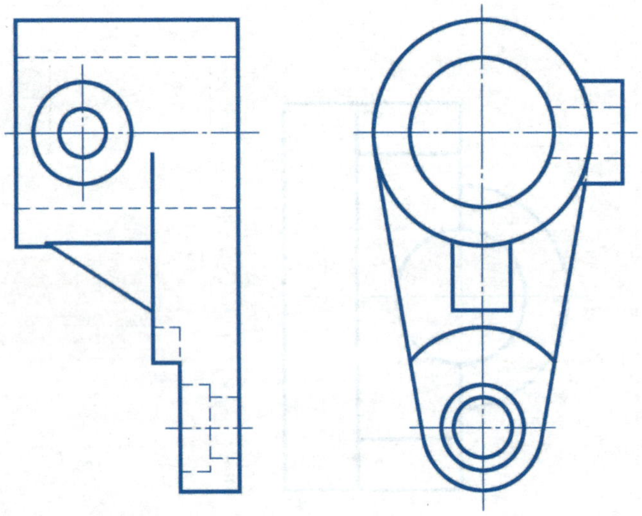

12.

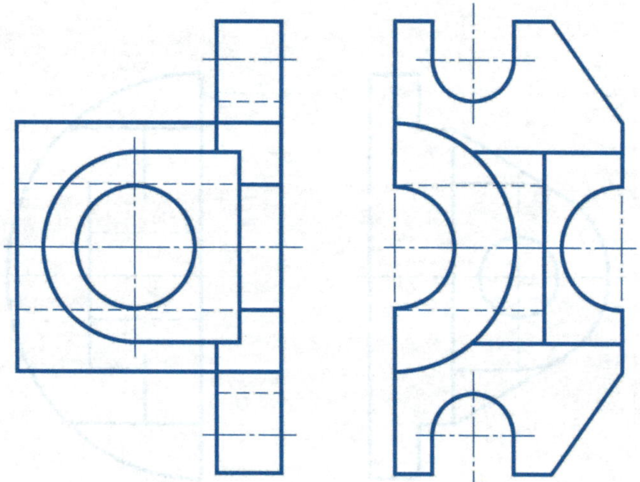

6.7 已知两视图，补画第三视图（六）

13.

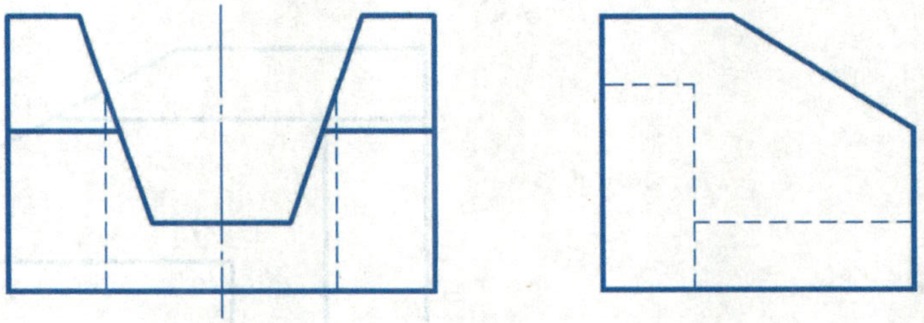

14.

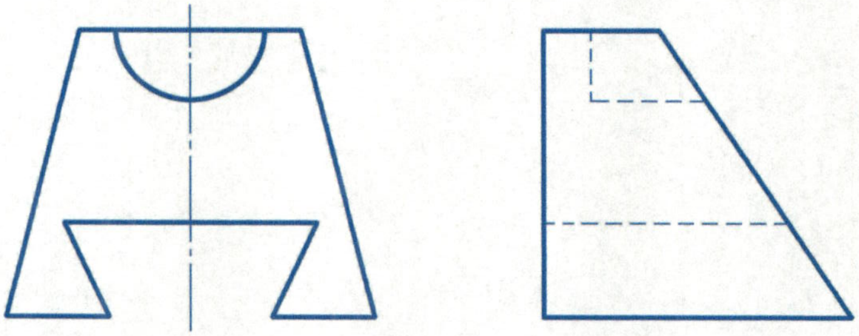

班级　　姓名　　学号

班级　　　姓名　　　学号

6.7 已知两视图，补画第三视图（七）

15.

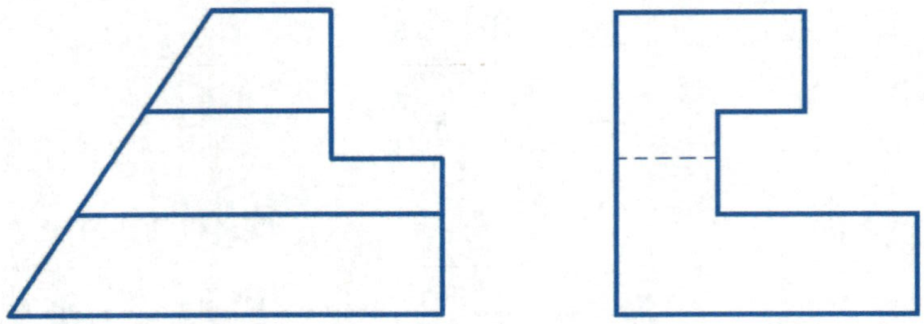

16.

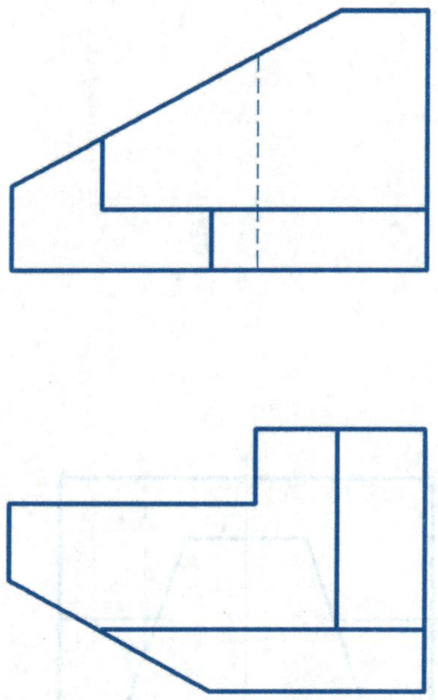

6.7 已知两视图，补画第三视图（八）

17.

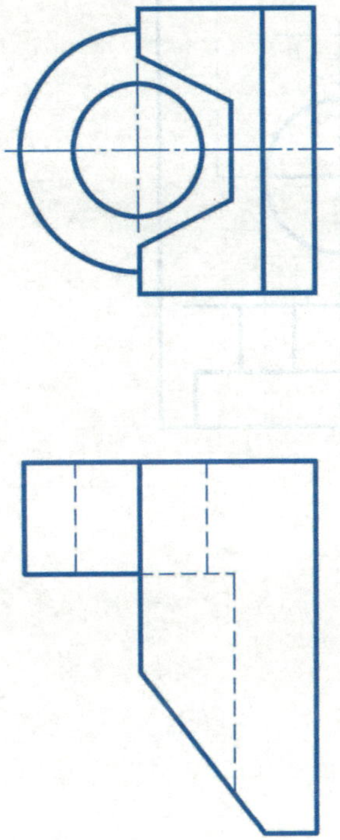

18.

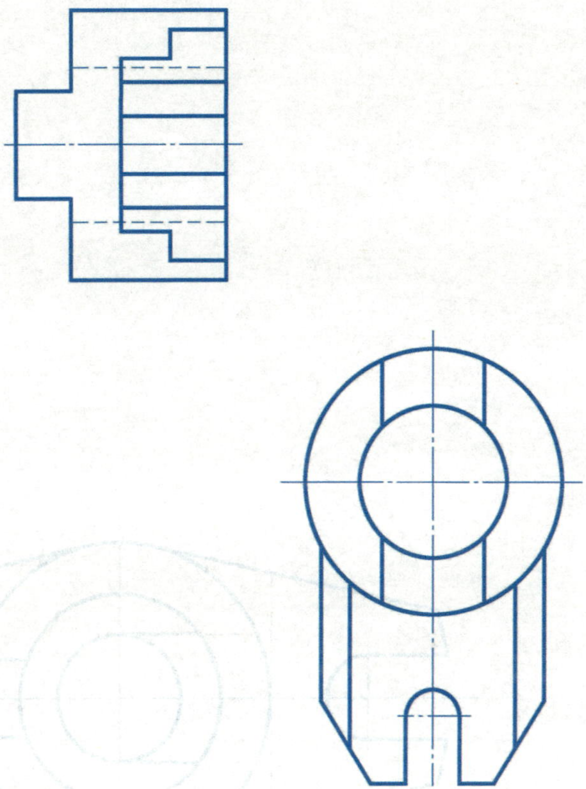

6.7 已知两视图，补画第三视图（九）

19.

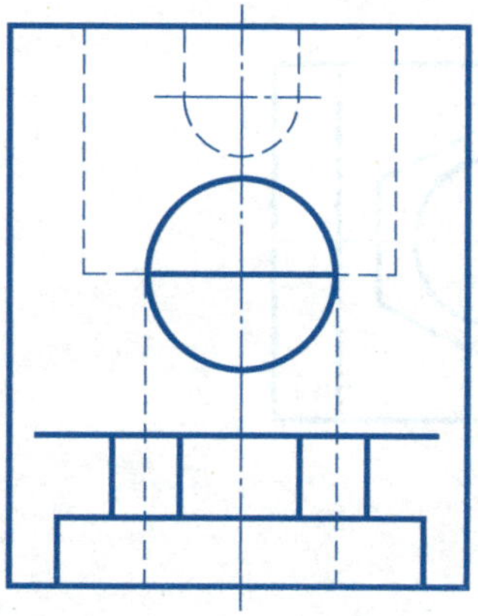

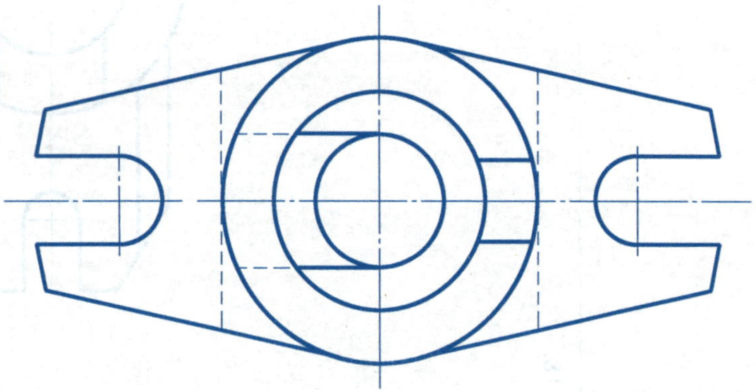

6.7 已知两视图，补画第三视图（十）

20.

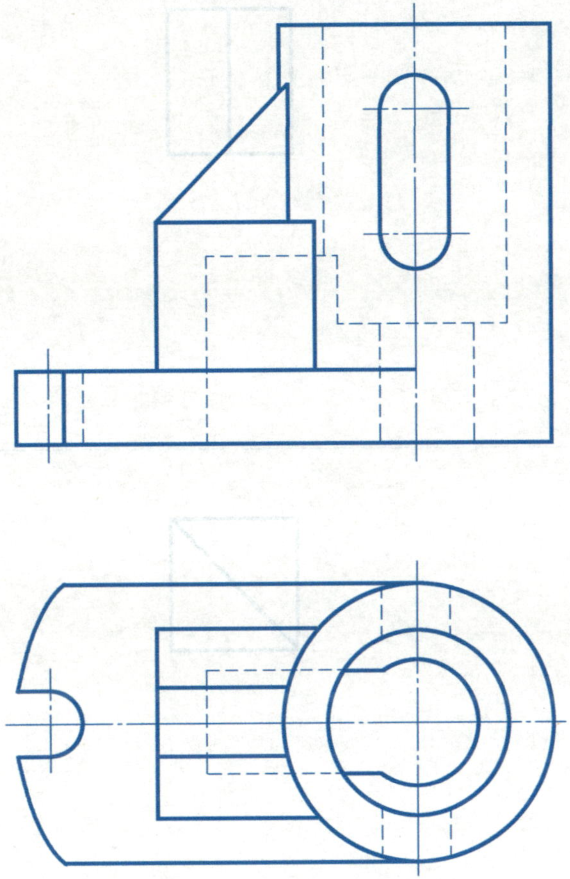

6.8　根据相同的主视图，构思不同的形体，并画出其他两视图

1.

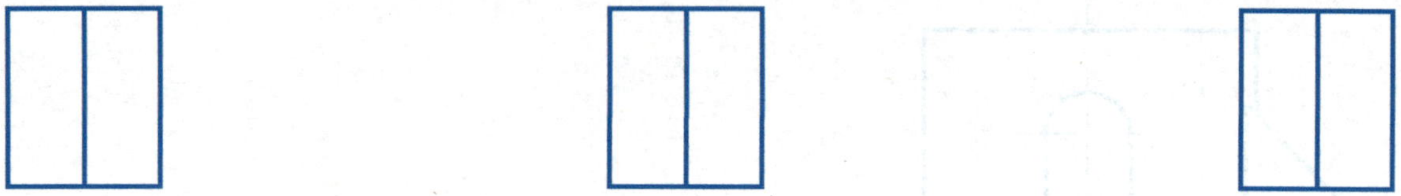

2.

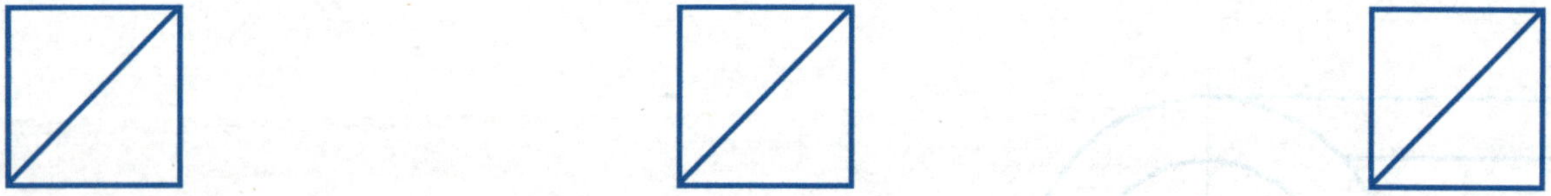

6.9 根据所给的两视图，构思出两个不同的形体，补画第三视图

1.

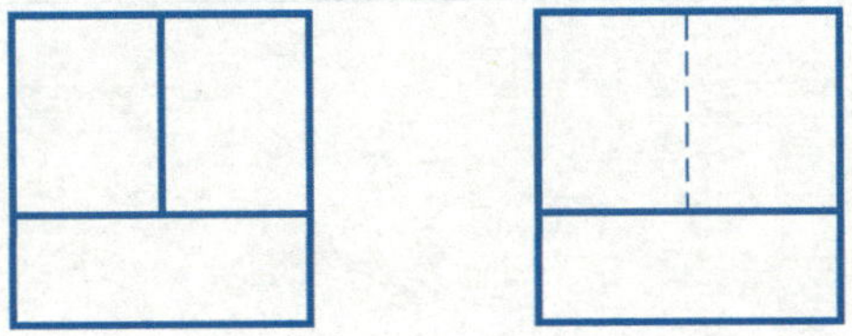

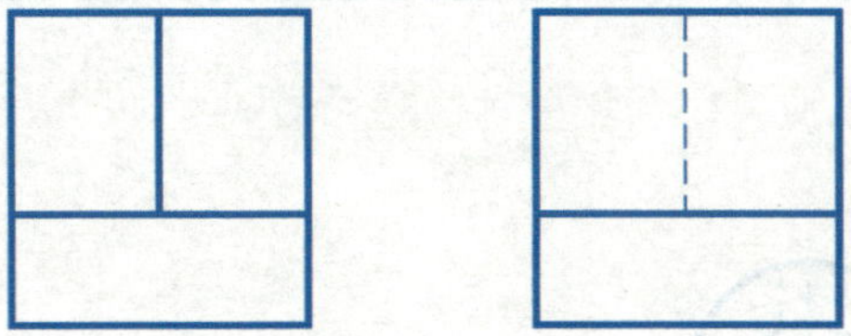

2.

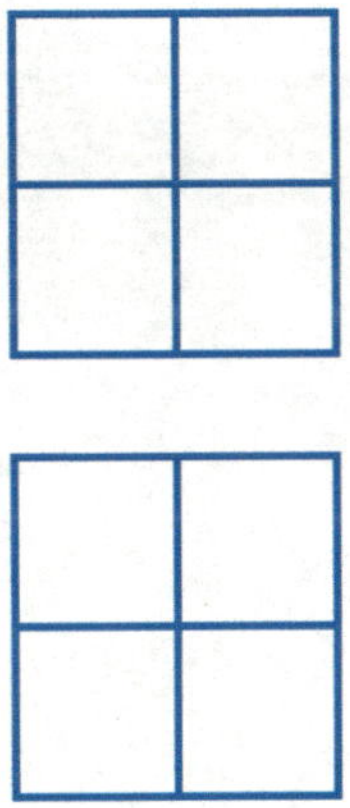

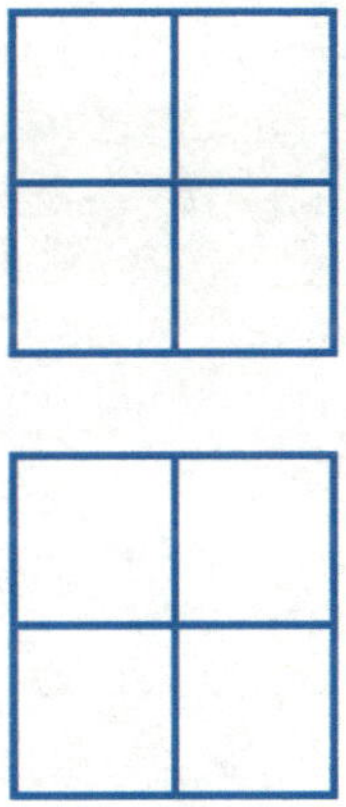

班级　　　　姓名　　　　学号

6.10 根据给定的主视图，构思组合体，并画出其他两视图	6.11 根据给定的俯视图，构思组合体，并画出其他两视图
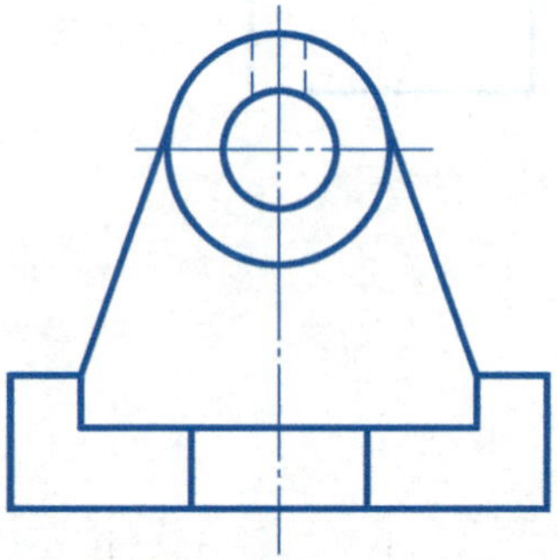	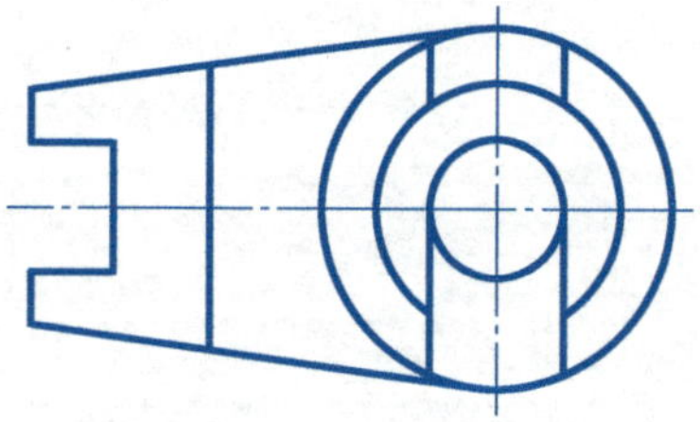

6.12　互补体构形

1. 已知一组合体的三视图，现另有一形体与之互补成长方体，试画出与已知组合体互补的另一形体三视图。

2. 已知一组合体的三视图，现另有一形体与之互补成圆柱体，试画出与已知组合体互补的另一形体的三视图。

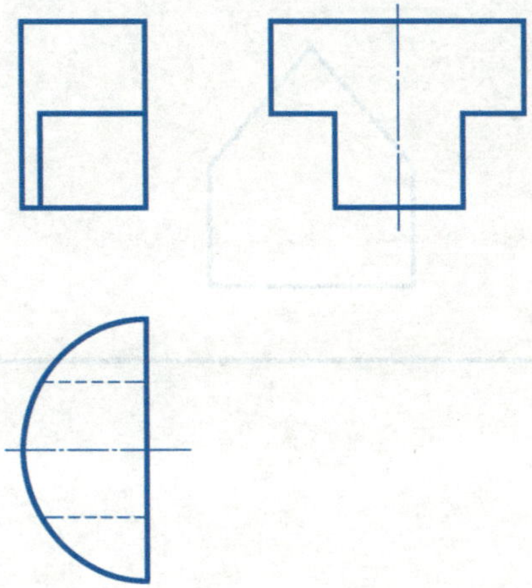

班级　　　　姓名　　　　学号

6.13　构思一个物体，使其能够完全吻合地分别通过一块板上三个不同形状的孔，画出该物体的三视图

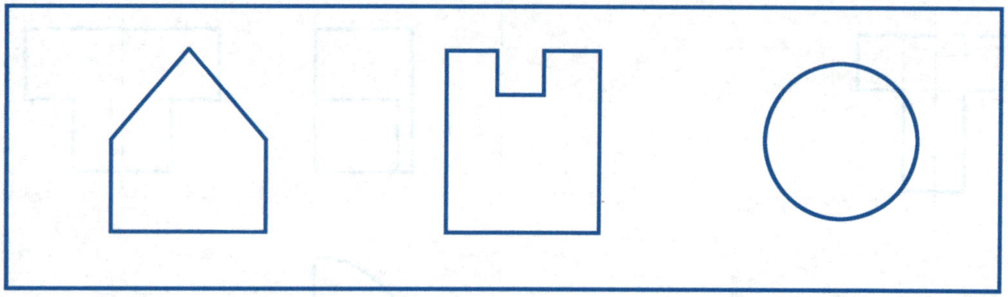

6.14　找出图中尺寸注法的错误，并在右图正确标注（完整标注）

1.

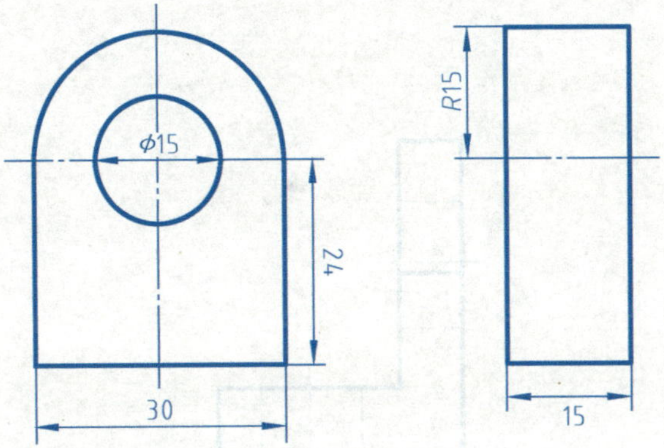

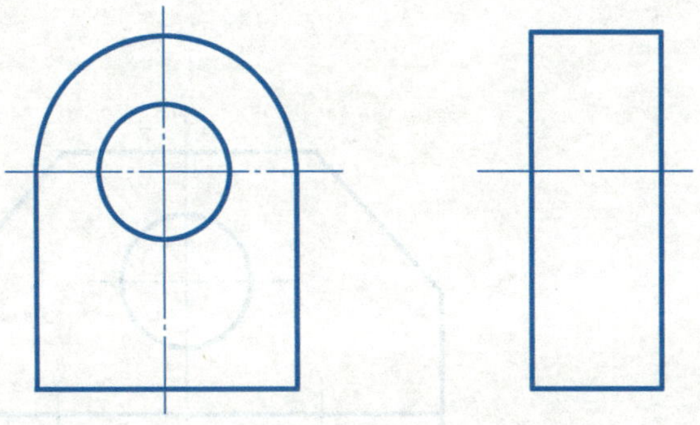

2.

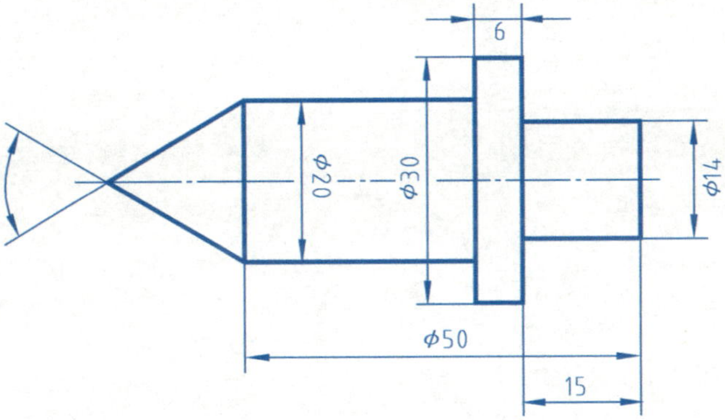

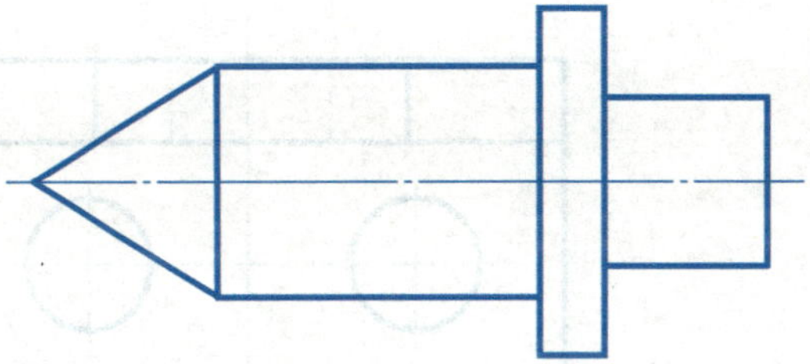

班级　　　　姓名　　　　学号

6.15 标注尺寸（尺寸从图中按 1∶1 量取，取整）（一）

1.

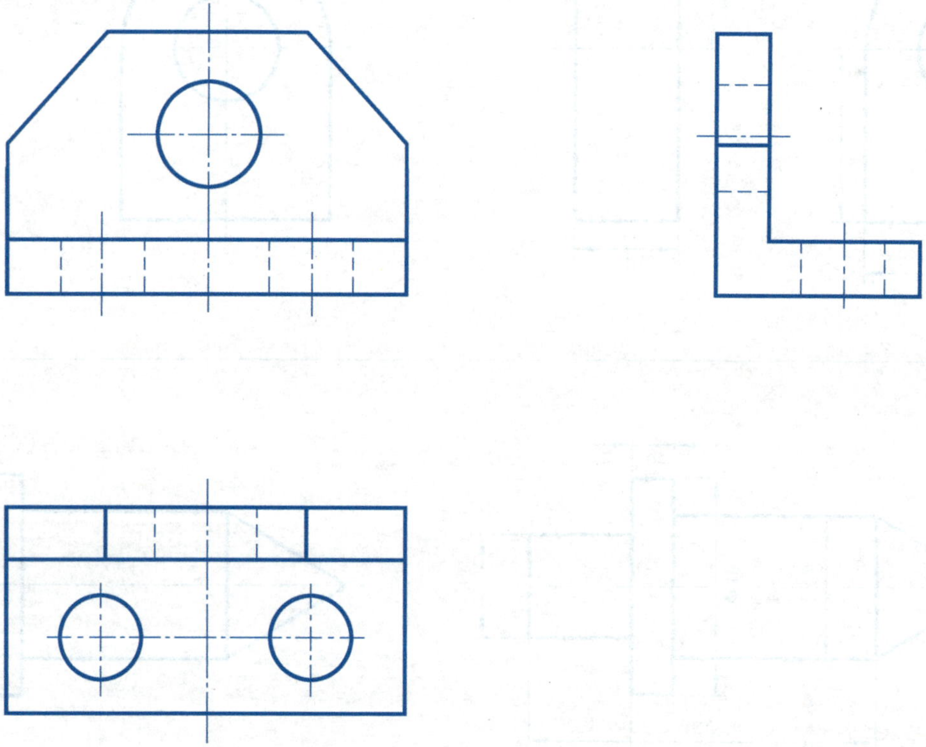

6.15 标注尺寸（尺寸从图中按 1∶1 量取，取整）（二）

2.

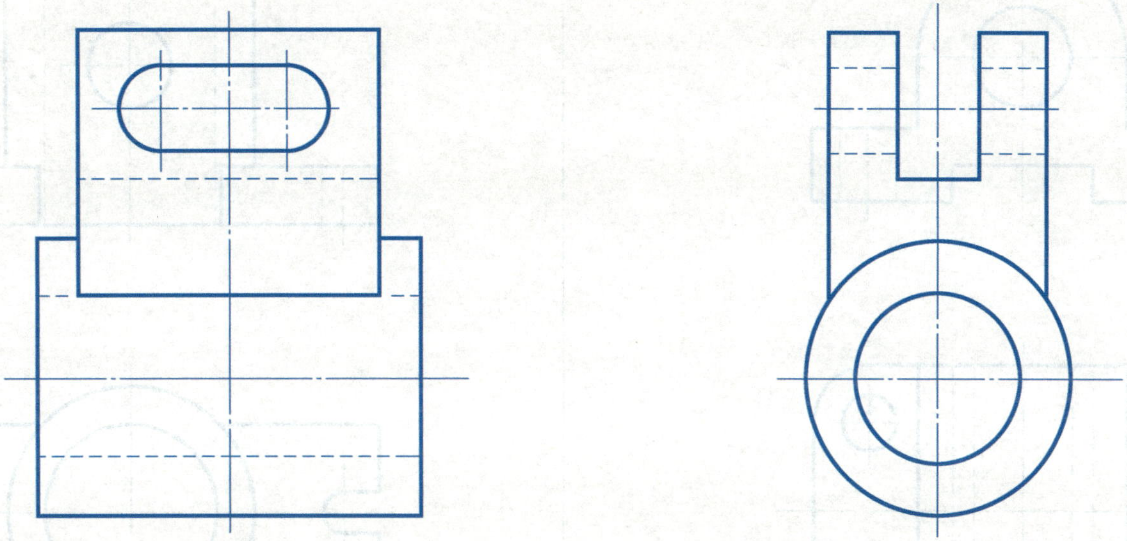

班级　　　　姓名　　　　学号

6.15 标注尺寸（尺寸从图中按 1∶1 量取，取整）（三）

3.

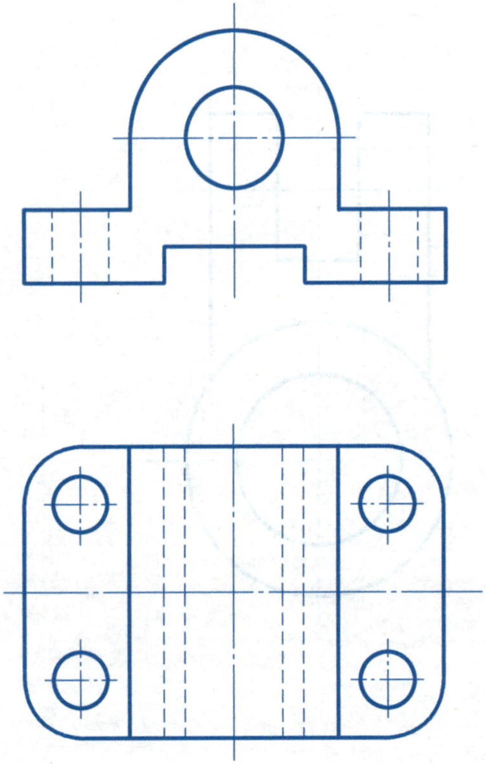

4.

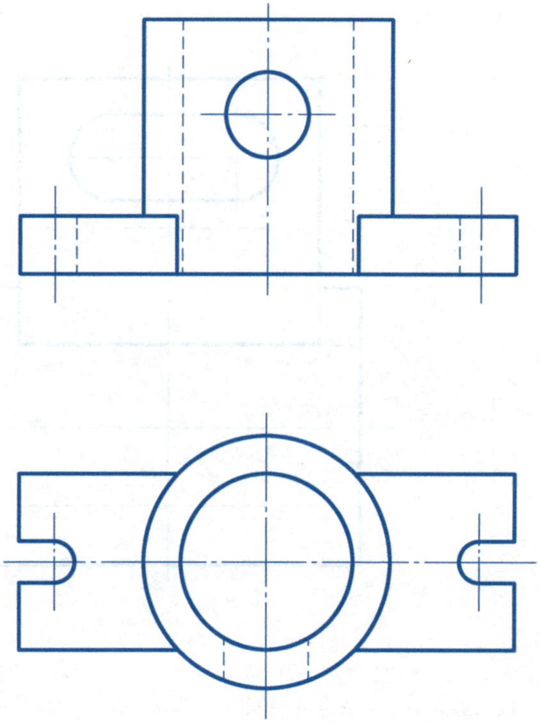

6.16　求作左视图，并标注尺寸（尺寸从图中按 1∶1 量取，取整）

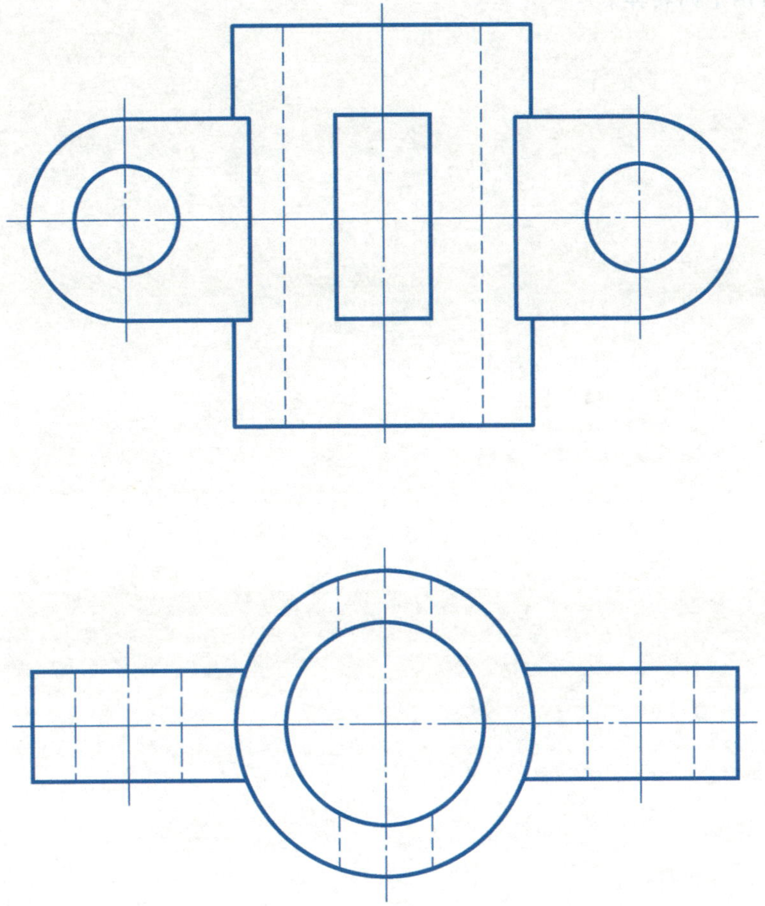

6.17　形体构思综合作业

作业要求：

1. 所构思形体的基本形体数量为 4 个及以上，其中至少有两个回转体。
2. 形体上要包含截交、相贯结构各一处。
3. 联系生产、生活实际。
4. 所构形体应可实现，并有实际使用意义。
5. 画出所构形体的三视图和正等轴测图。
6. 画法符合当前国家标准。

6.18 根据组合体三视图与尺寸，进行三维建模（一）

1.

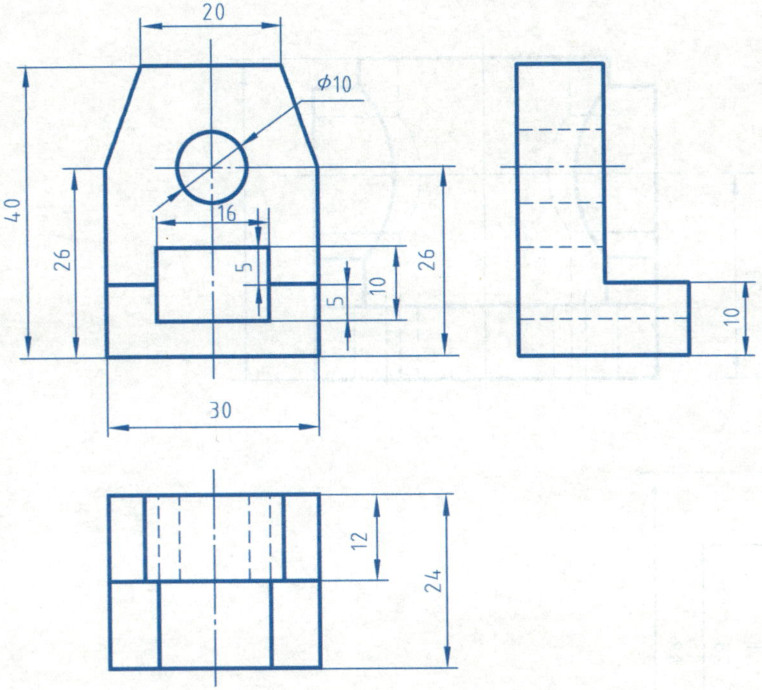

2.

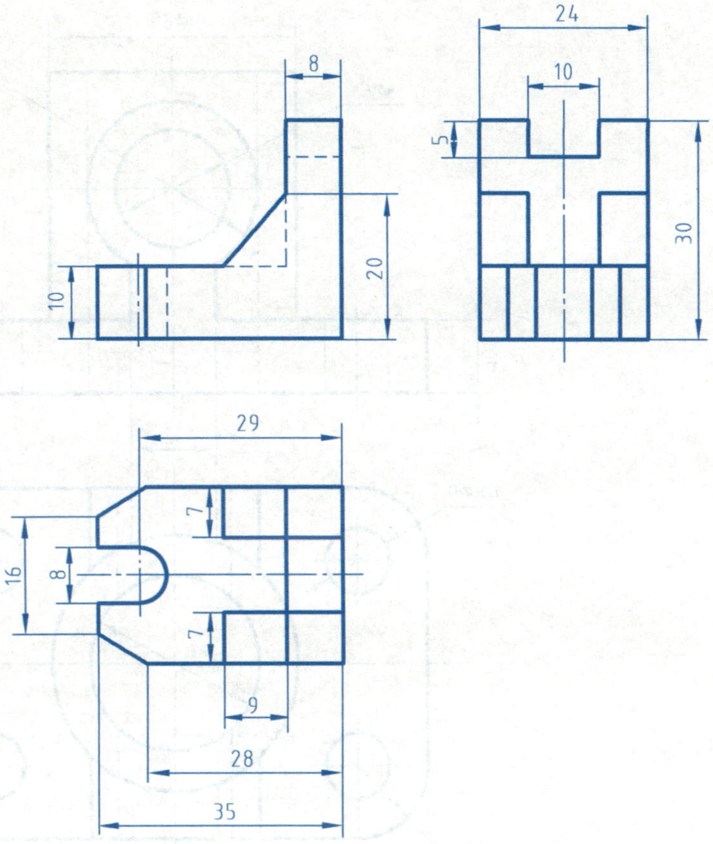

班级　　　　姓名　　　　学号

6.18 根据组合体三视图与尺寸，进行三维建模（二）

3.

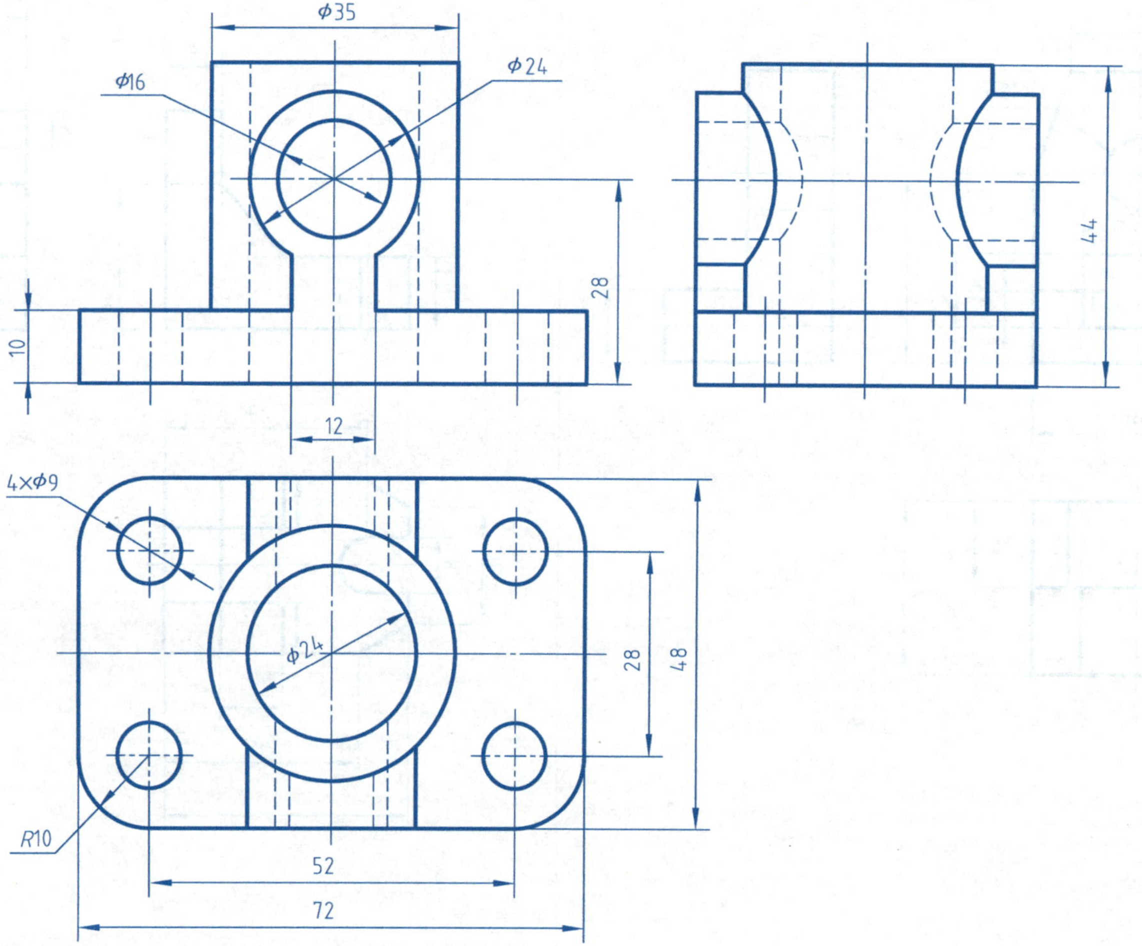

班级　　　　姓名　　　　学号

6.18 根据组合体三视图与尺寸，进行三维建模（三）

4.

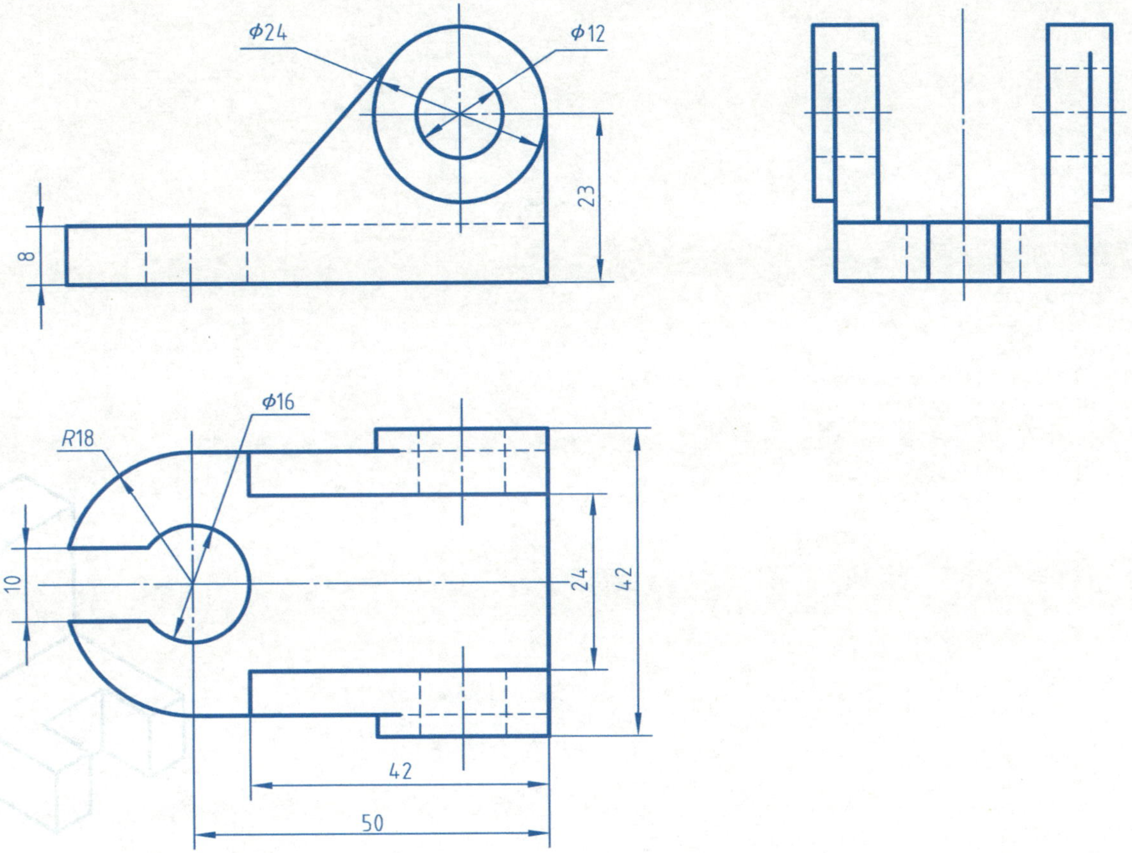

班级　　　　　姓名　　　　　学号

7.1　根据机件的轴测图，画出其六面基本视图（尺寸从图中按 1∶1 量取，取整）

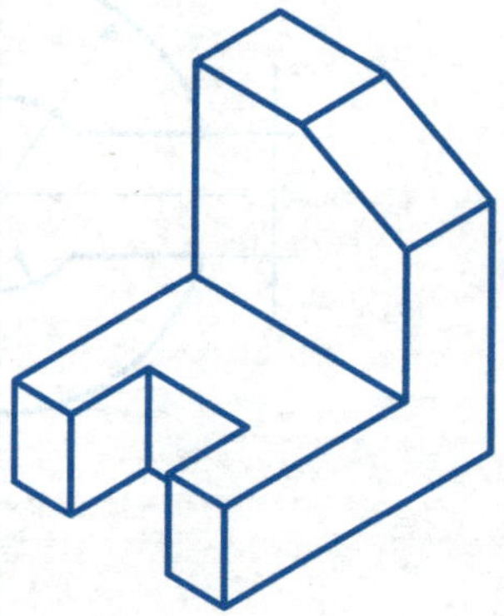

班级　　　姓名　　　学号

7.2　在指定位置画出局部视图或斜视图

1.

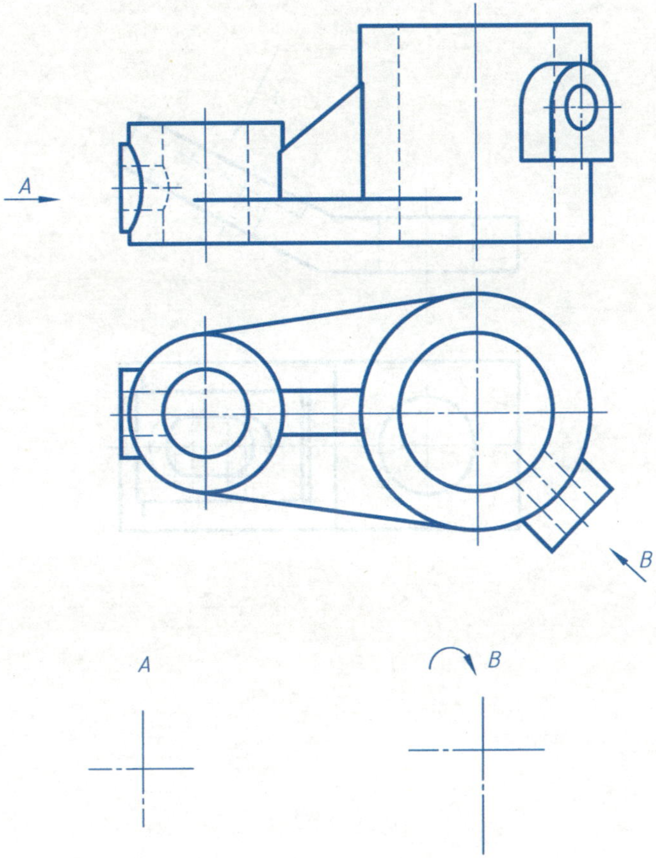

2.

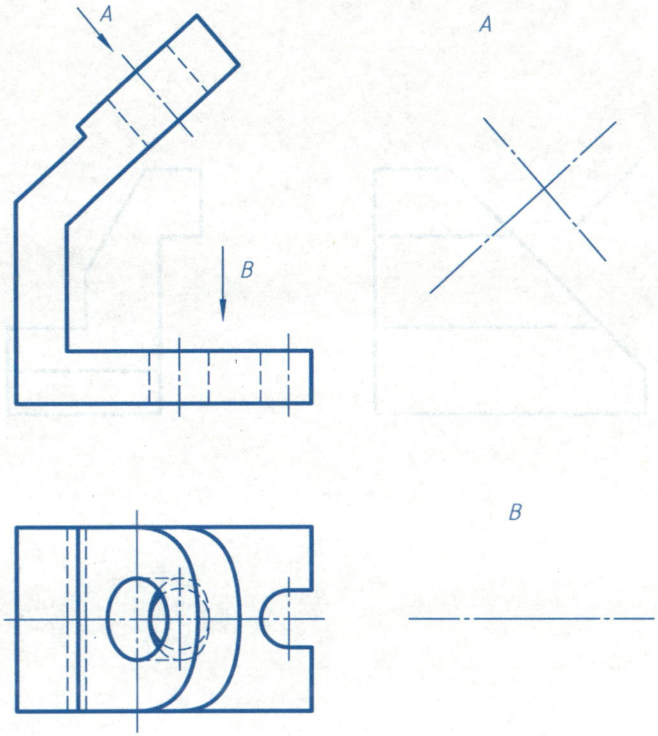

班级　　　　姓名　　　　学号

7.2　在指定位置画出局部视图或斜视图

3.

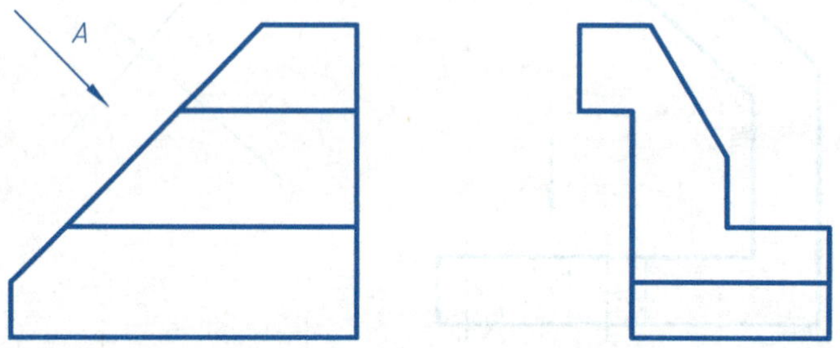

4.

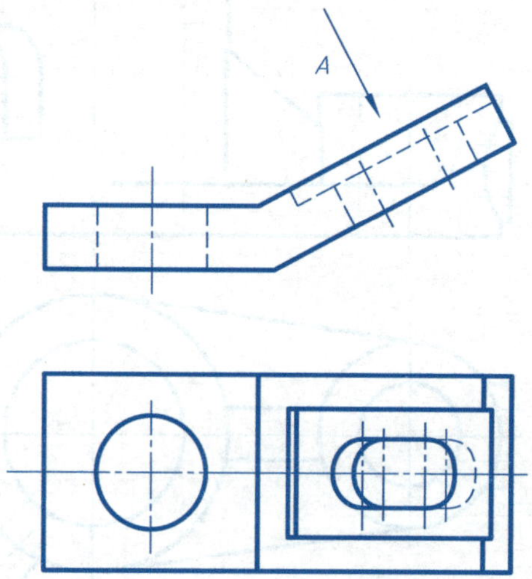

班级　　　　姓名　　　　学号

7.3　改正剖视图中的错误，不应有的线画“×”（一）

1.

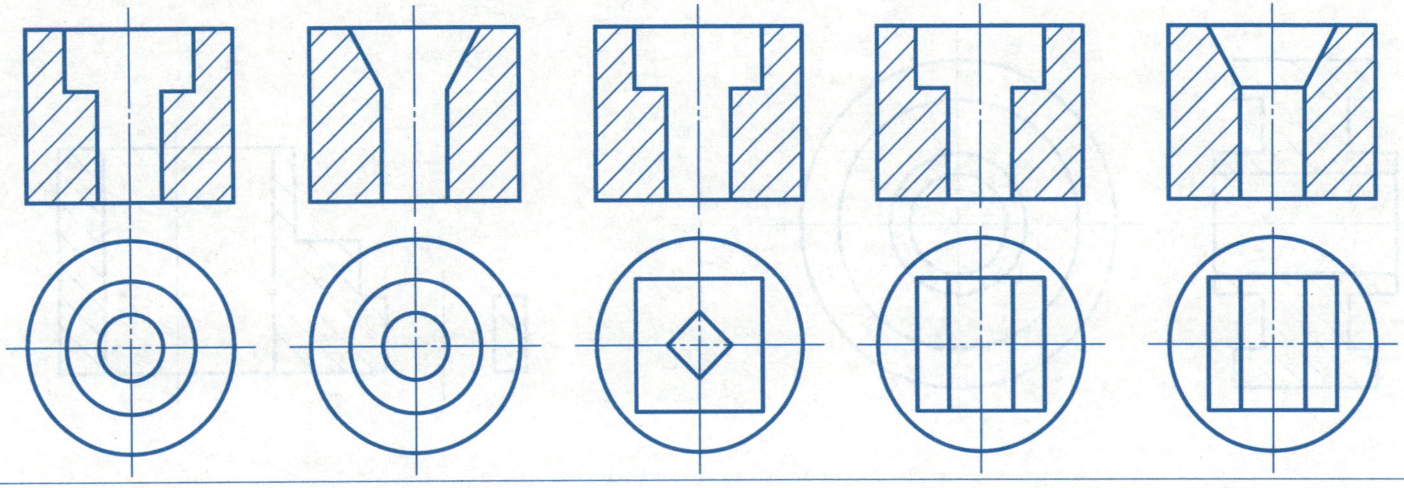

2.

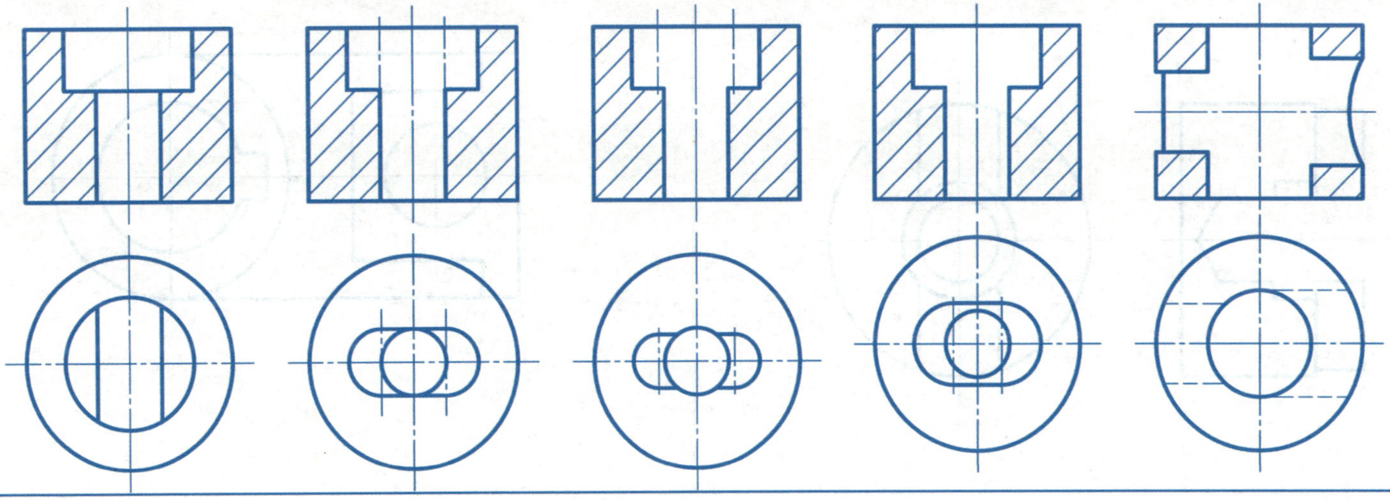

班级　　　　姓名　　　　学号

7.3　改正剖视图中的错误，不应有的线画“×”（二）

3.

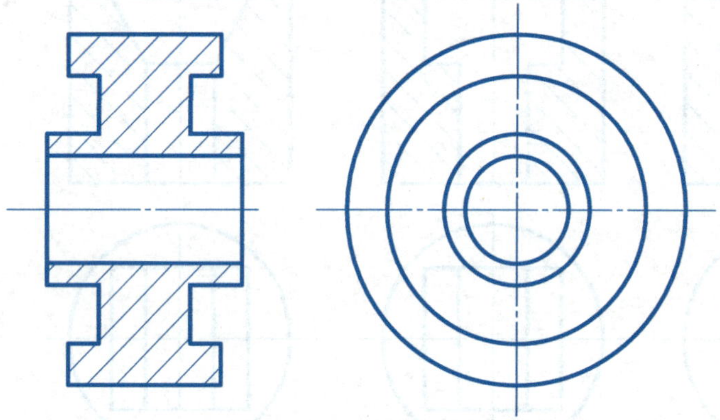

4.

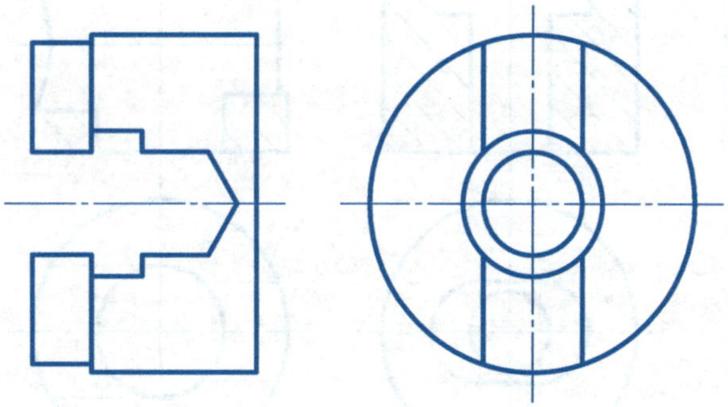

5.

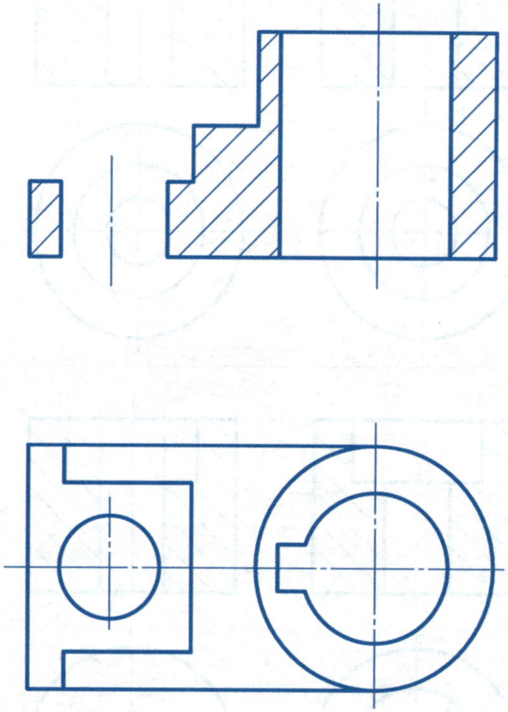

班级　　　　姓名　　　　学号

7.3 改正剖视图中的错误，不应有的线画“×”（三）

6.

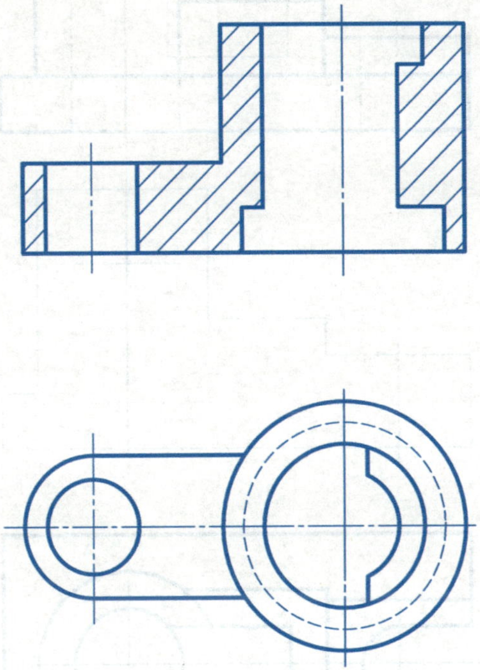

7.

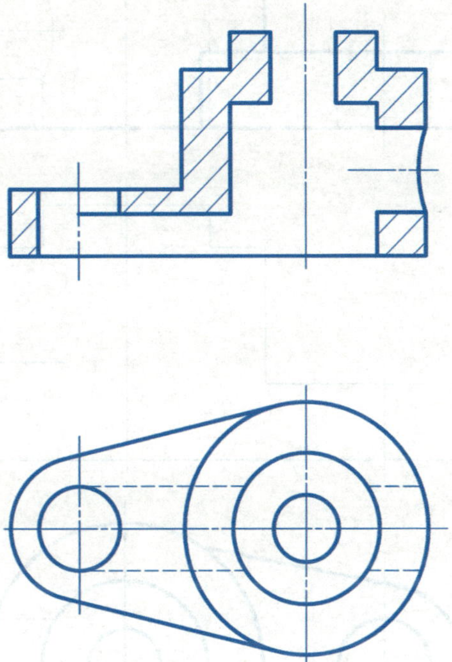

班级　　　　姓名　　　　学号

7.4　在指定位置将主视图改为全剖视图

1.

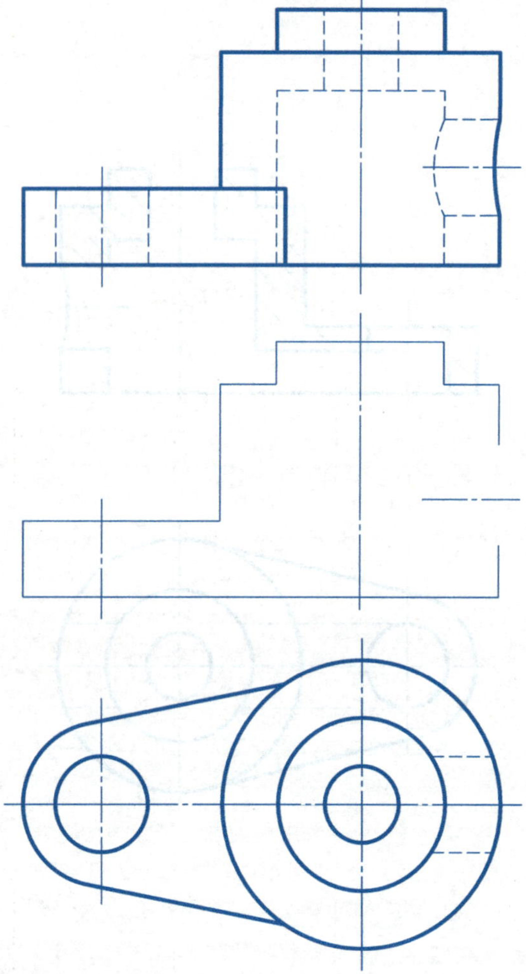

2.

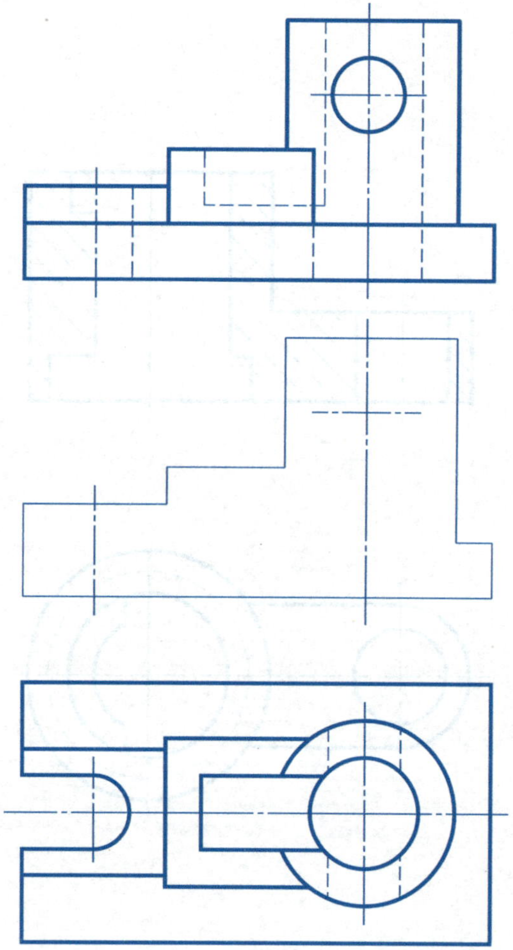

7.5 已知机件的两视图，求作全剖的第三视图（一）

1. 求作全剖的主视图。

2. 求作全剖的左视图。

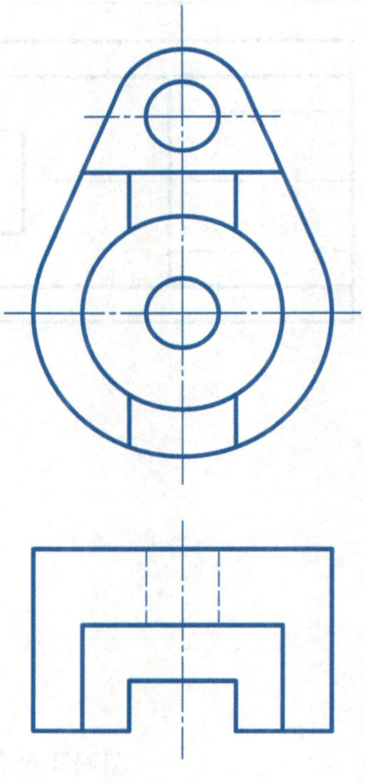

7.5 已知机件的两视图，求作全剖的第三视图（二）

3. 求作全剖的主视图。

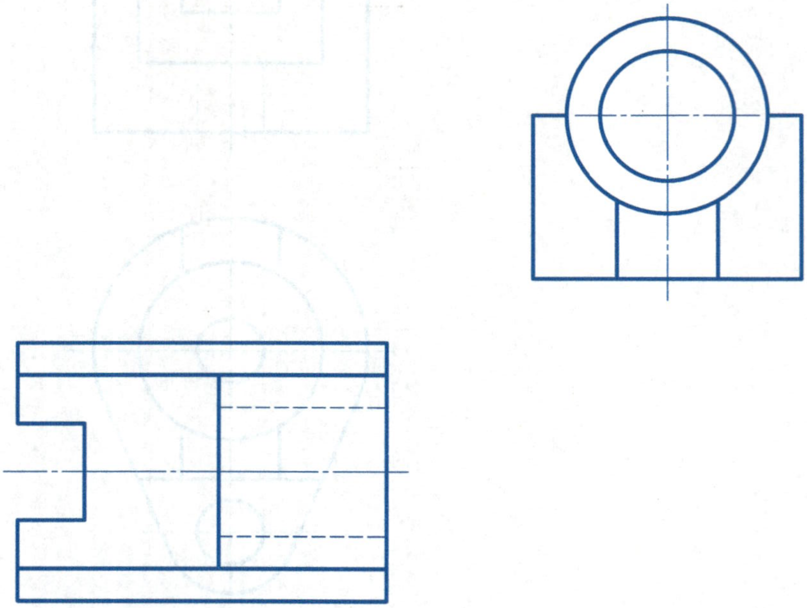

4. 求作全剖的俯视图。

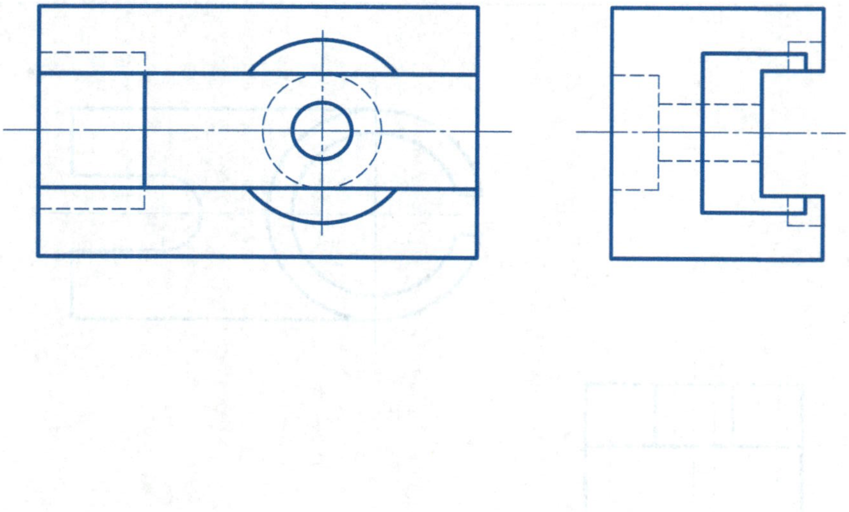

班级　　姓名　　学号

7.5 已知机件的两视图，求作全剖的第三视图（三）

5. 求作全剖的左视图。

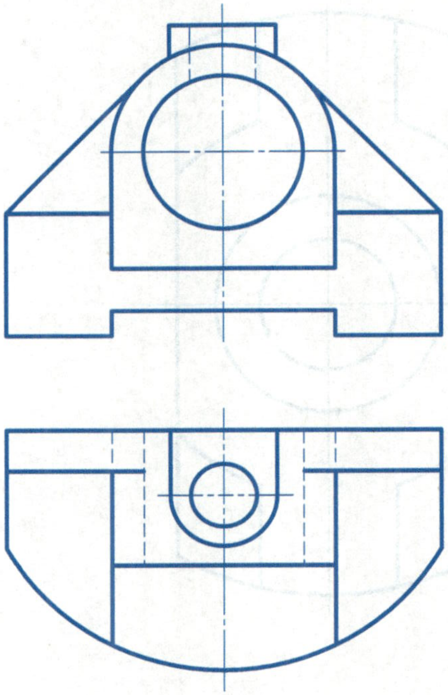

6. 求作全剖的左视图。

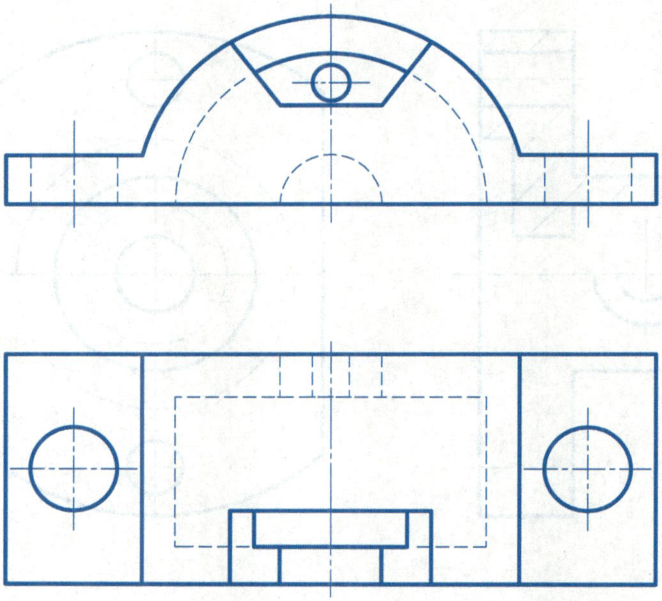

7.6 补画半剖视图中的漏线（一）

1.

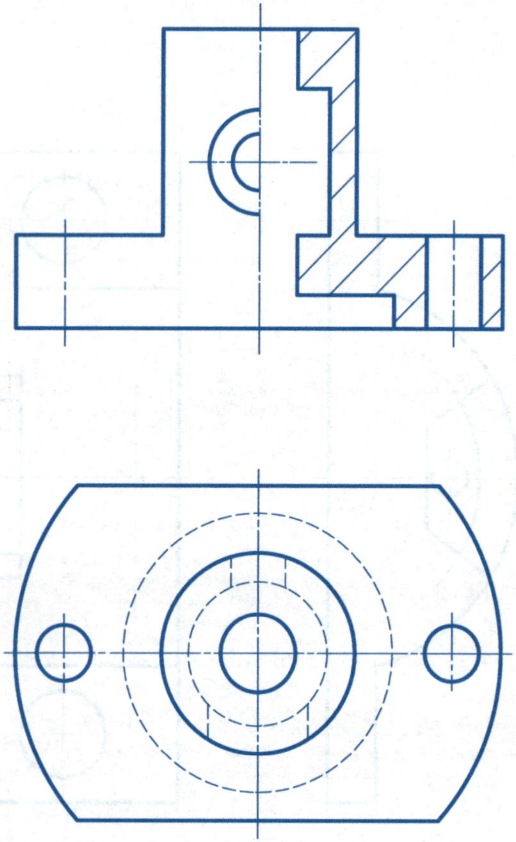

2.

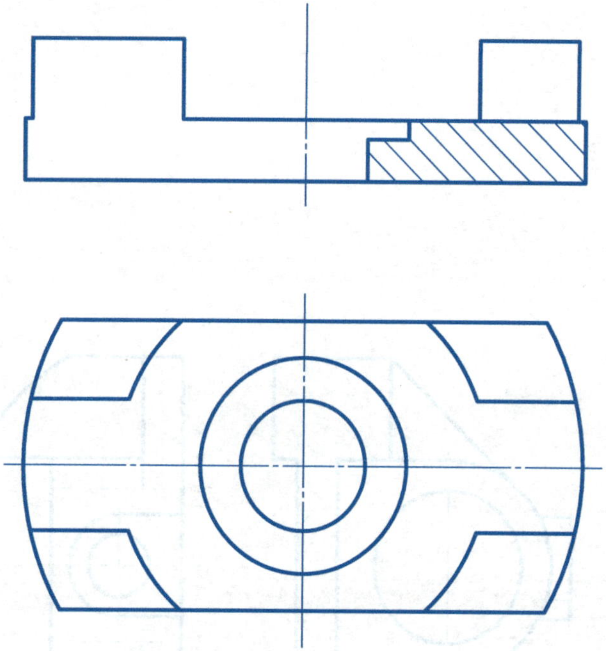

7.6 补画半剖视图中的漏线（二）

3.

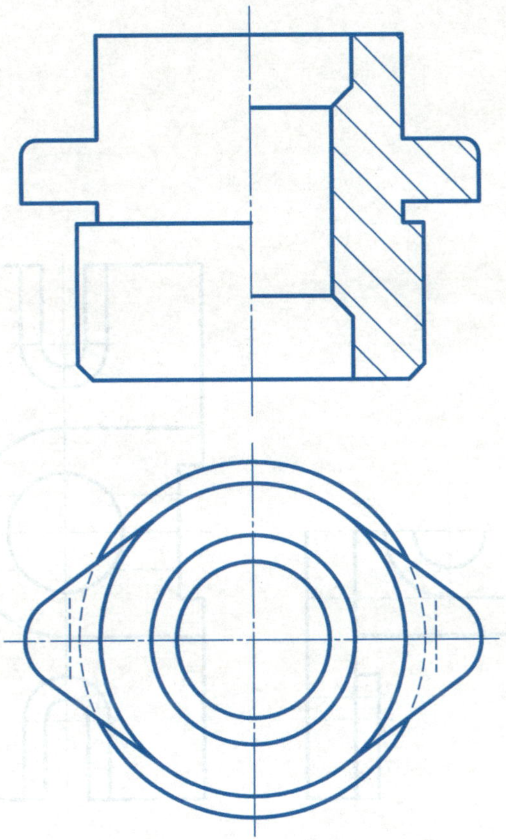

4.

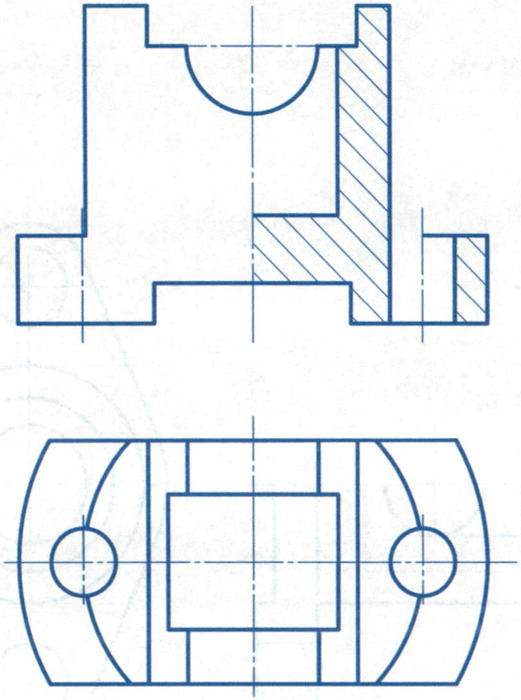

7.7 完成机件半剖的主视图，求作全剖的左视图（一）

1.

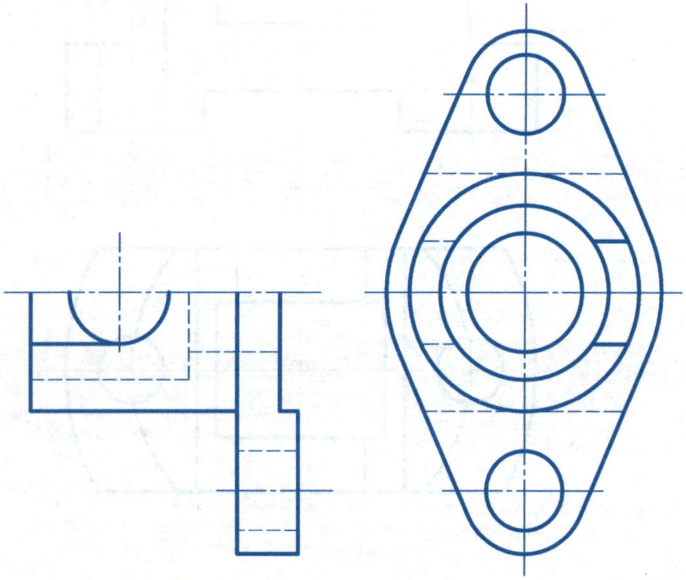

2.

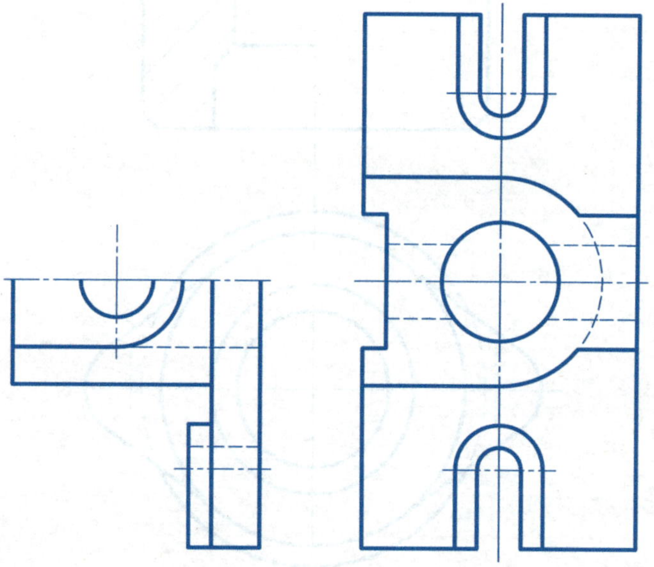

7.7 完成机件半剖的主视图，求作全剖的左视图（二）

3.

4.

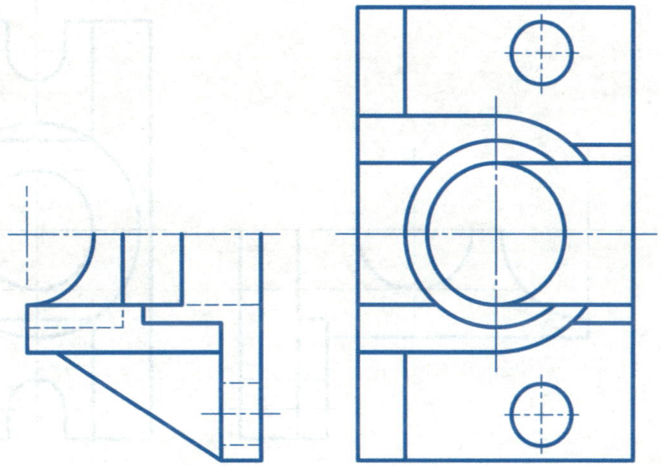

7.8 完成机件半剖的主视图，求作半剖的左视图

1.

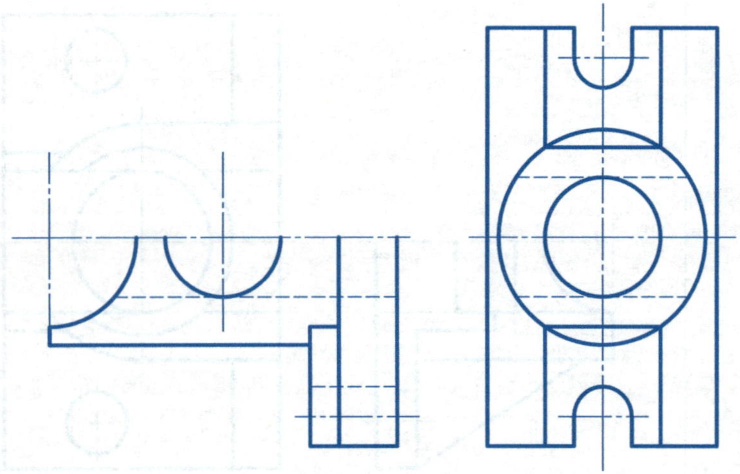

2.

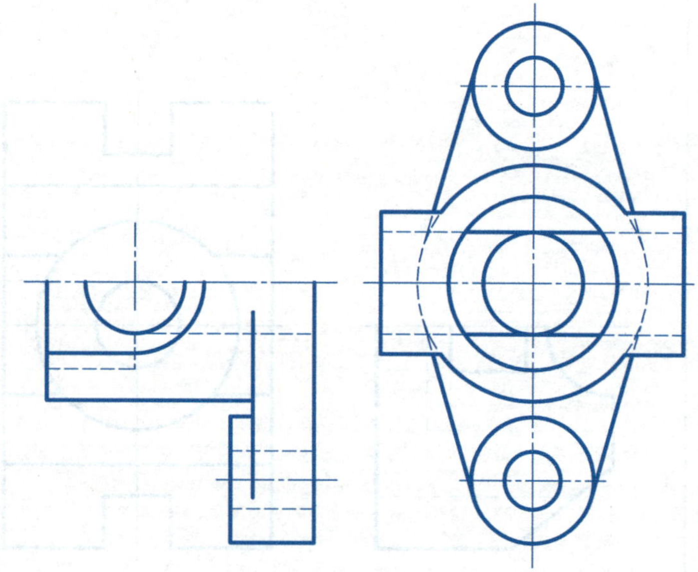

7.9　求作机件半剖的主视图，并将左视图改画成全剖视图（在不要的线上画“×”）

1.

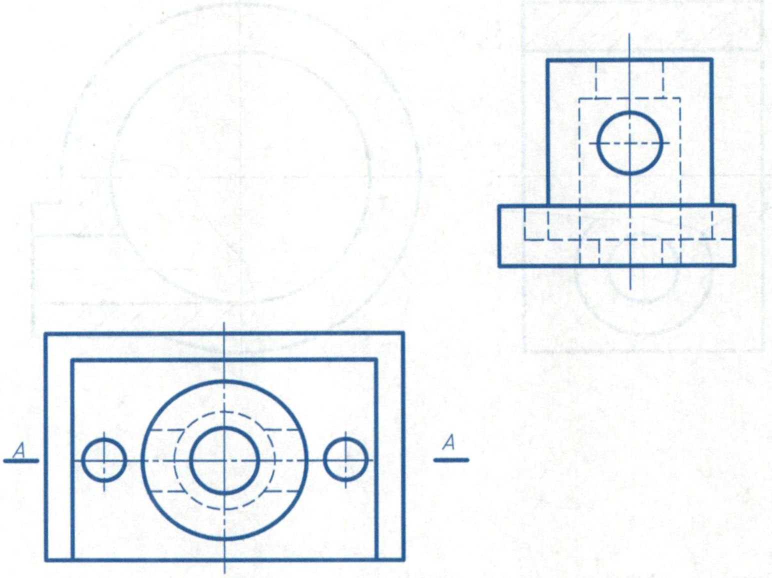

2.

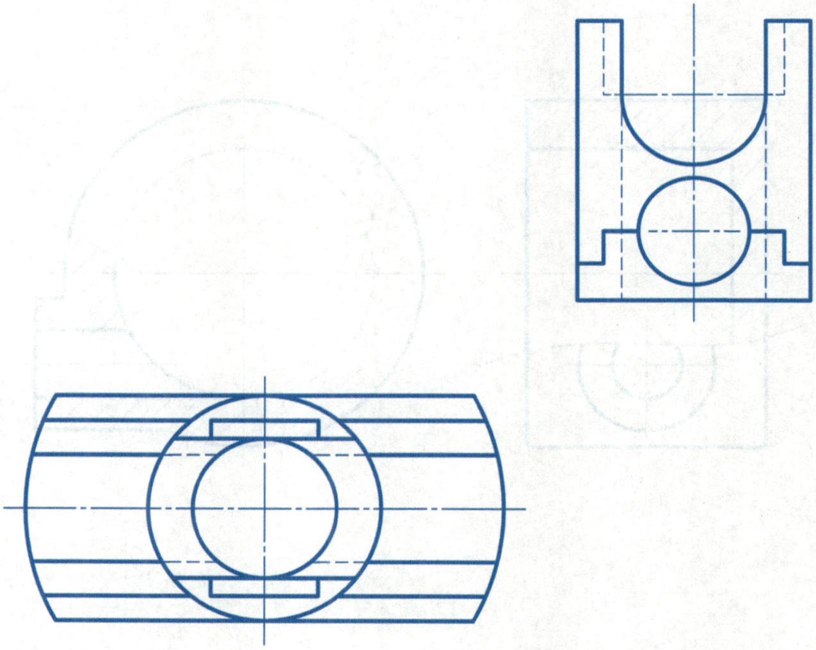

班级　　　　　姓名　　　　　学号

7.10　改正局部剖视图中的错误（不要的线画“×”）（一）

1.

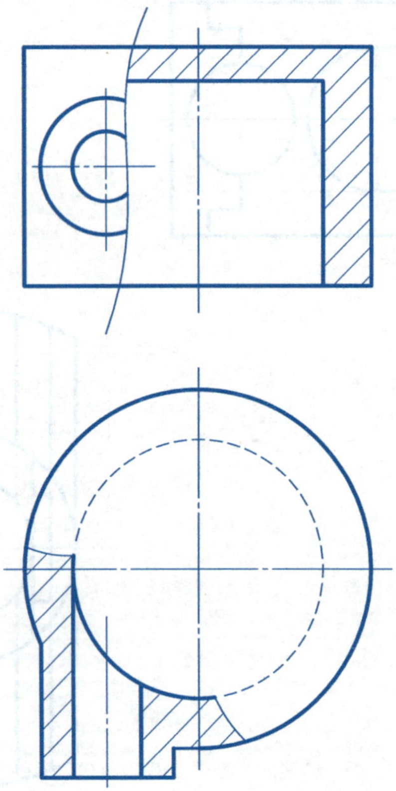

2.

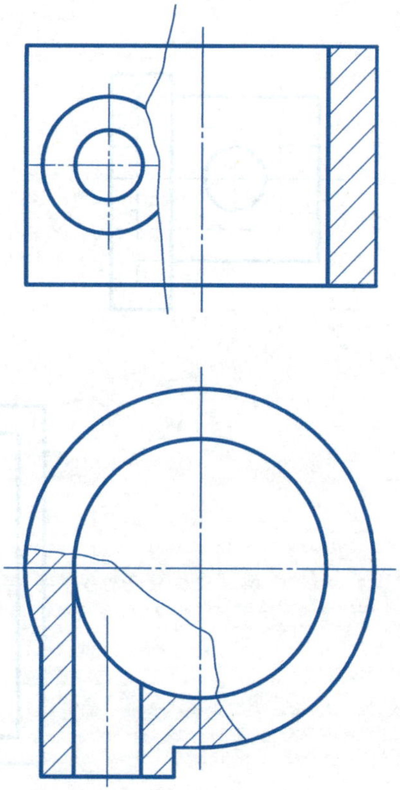

7.10 改正局部剖视图中的错误（不要的线画“×”）（二）

3.

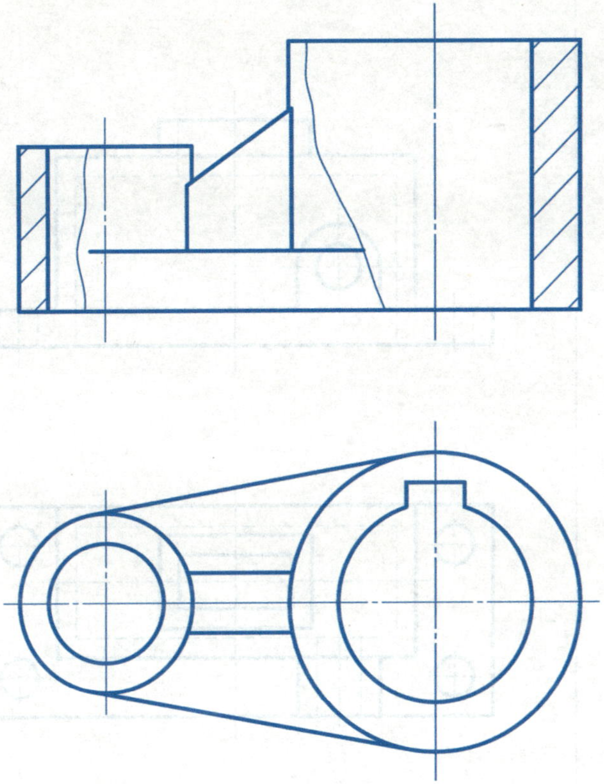

4.

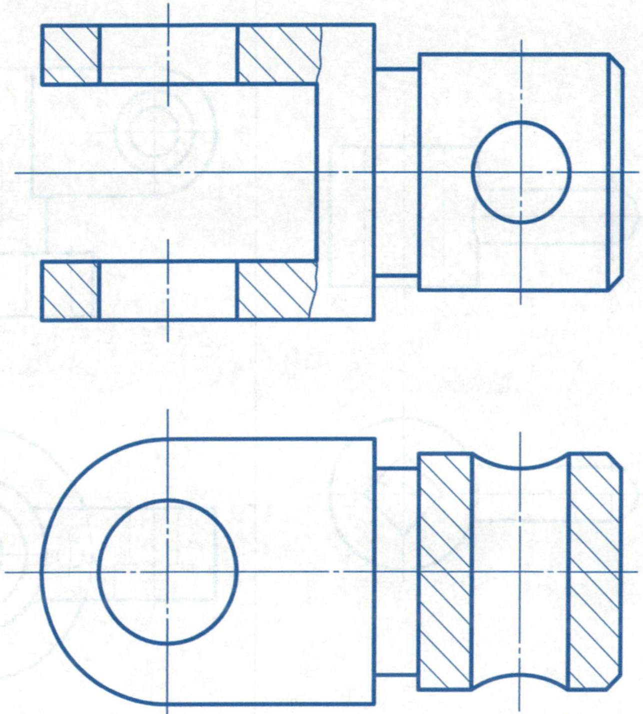

7.11　用合适的局部剖视图表达机件（在不要的线上打“×”）

1.

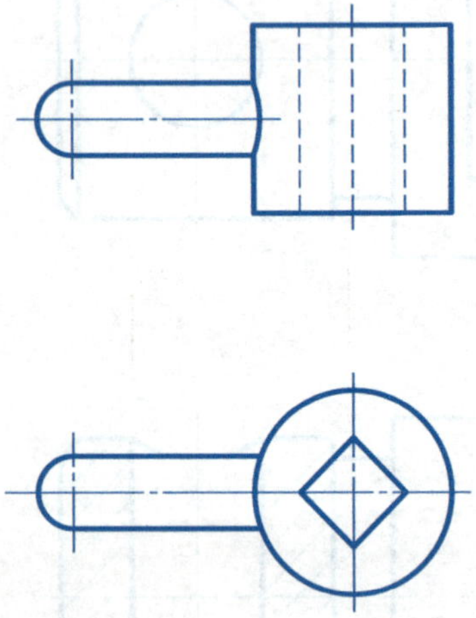

2.

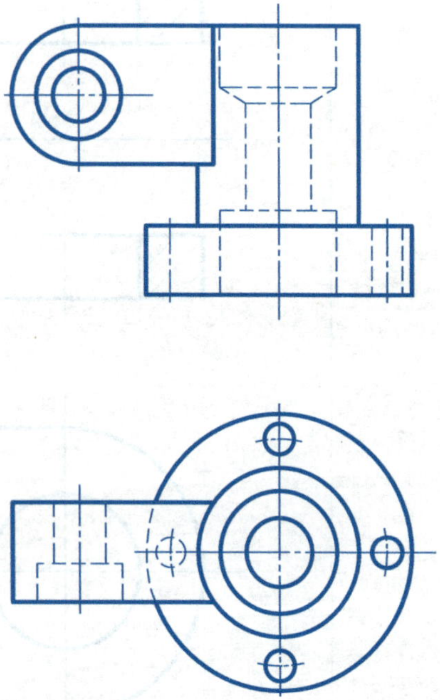

3.

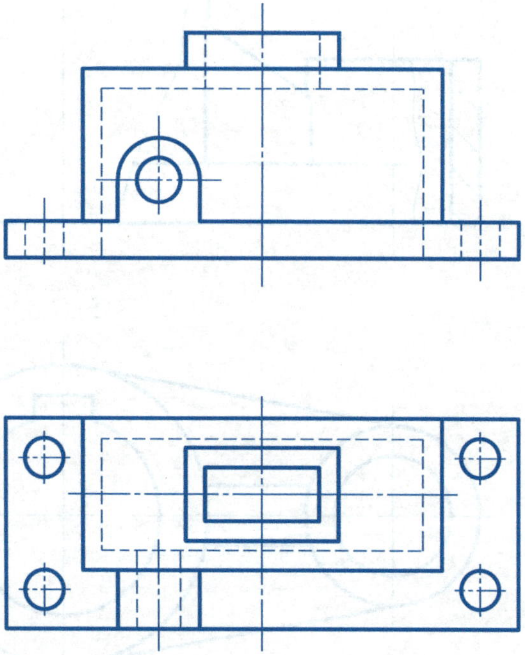

7.12 判断下列剖视图的画法是否正确（正确的打“✓”，错误的打“×”）

1.

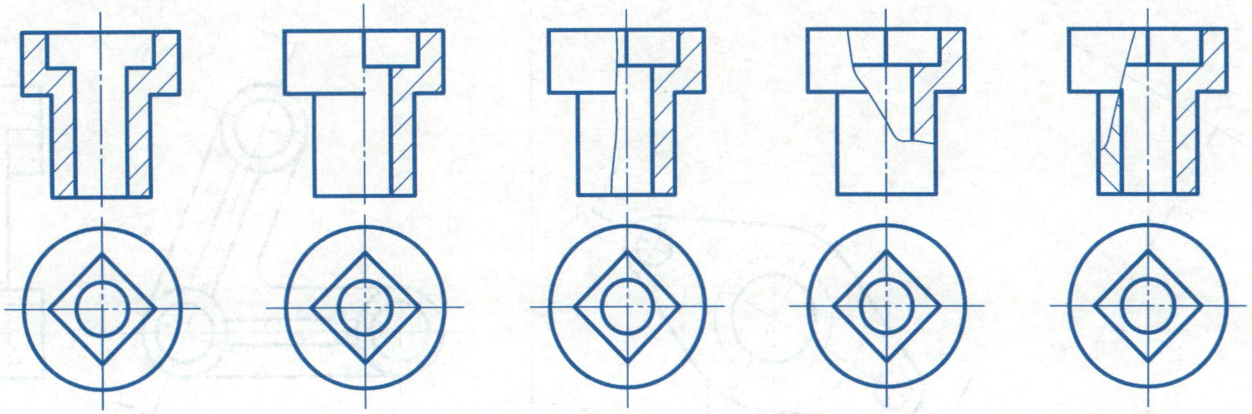

(　　)　　(　　)　　(　　)　　(　　)　　(　　)

2.

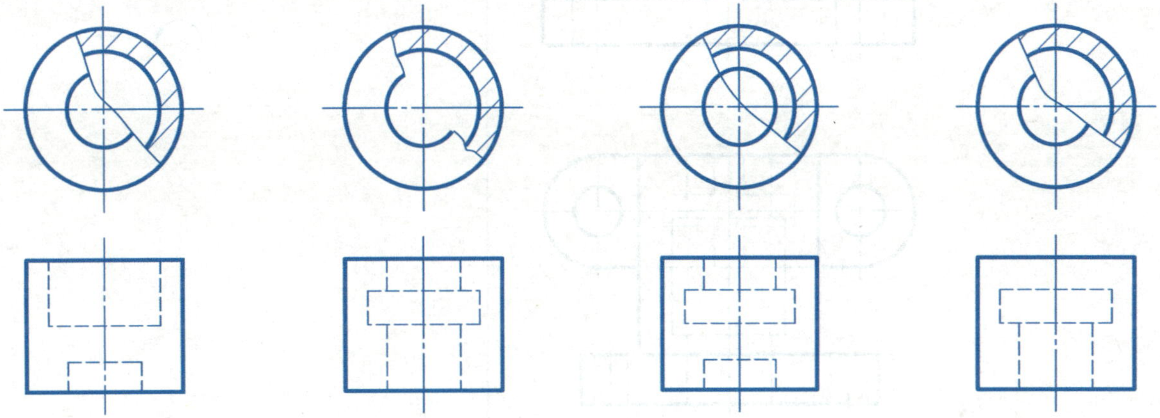

(　　)　　(　　)　　(　　)　　(　　)

7.13 在指定位置上画出用单一斜剖切平面剖切得到的 *A—A* 全剖视图

1.

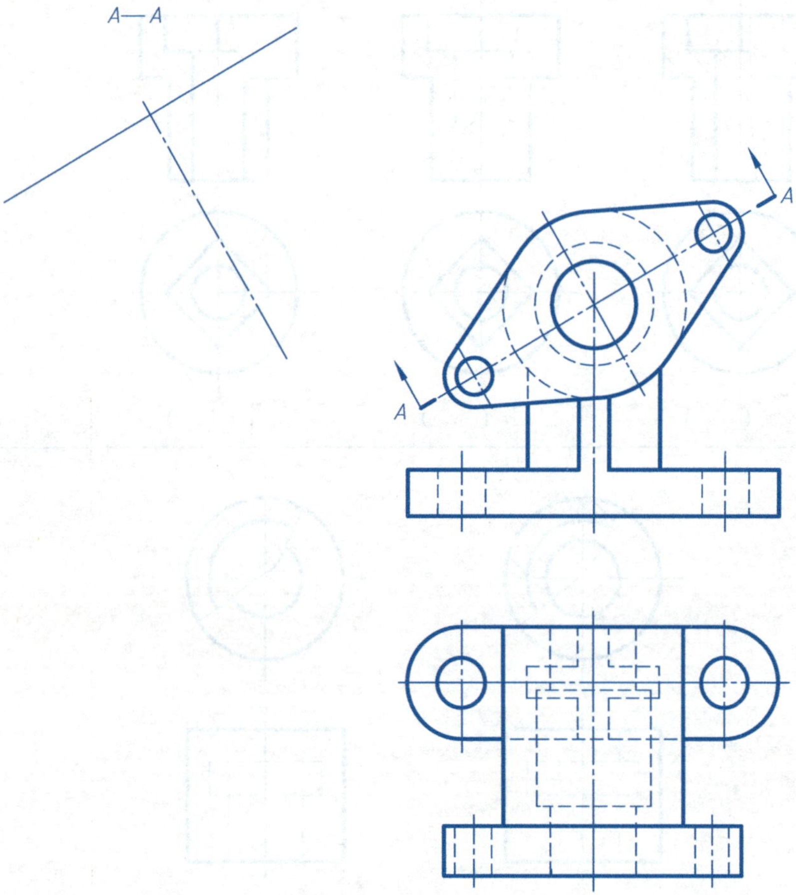

2.

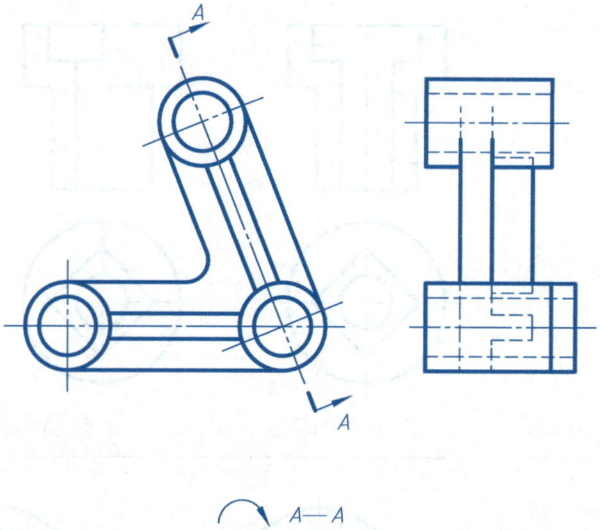

7.14 在指定位置上画出用两互相平行剖切平面剖切得到的全剖视图

1.

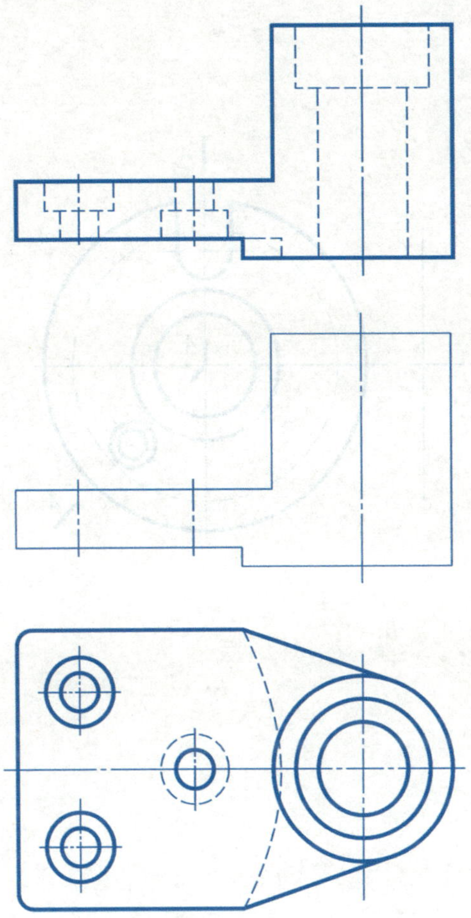

2.

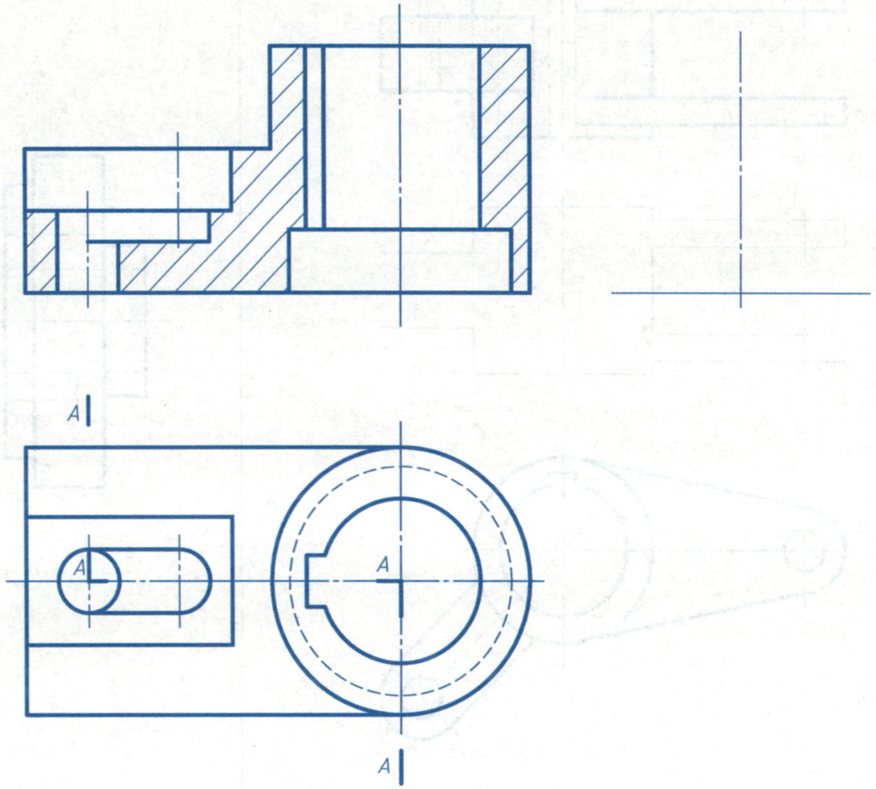

班级　　　　姓名　　　　学号

7.15　在指定位置上画出用两相交剖切平面剖切得到的全剖主视图

1.

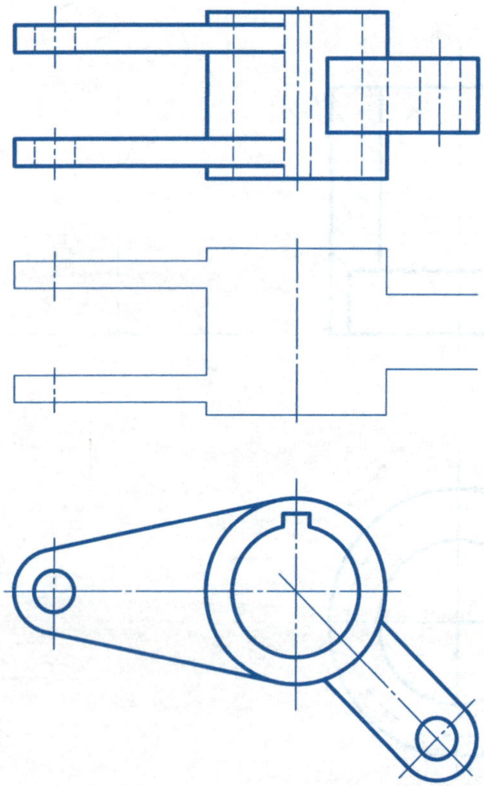

2.

7.16 在指定位置上画出用复合剖得到的 A—A 全剖的主视图

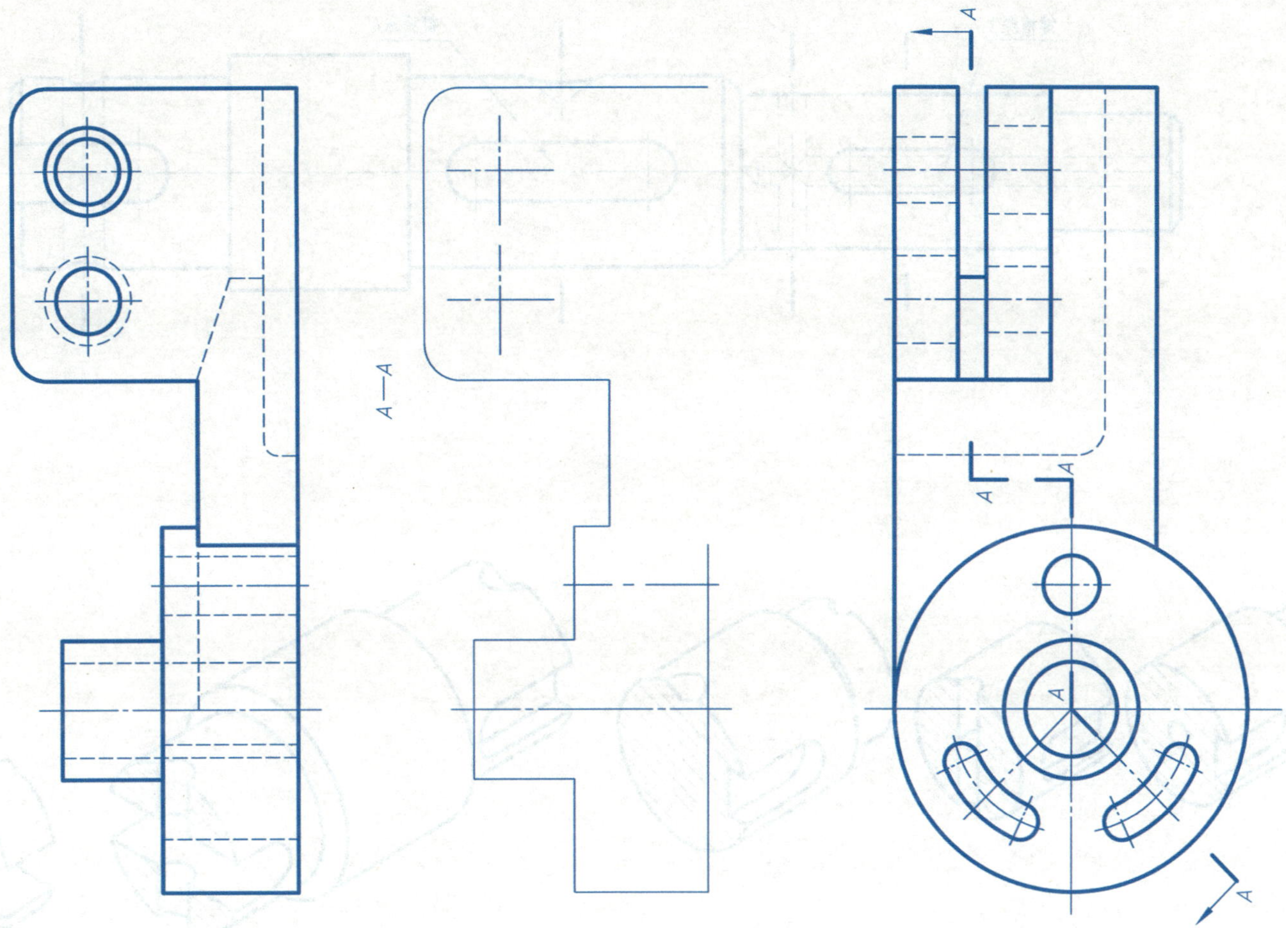

班级　　　　姓名　　　　学号

7.17　画出指定位置的移出断面图（一）

1.

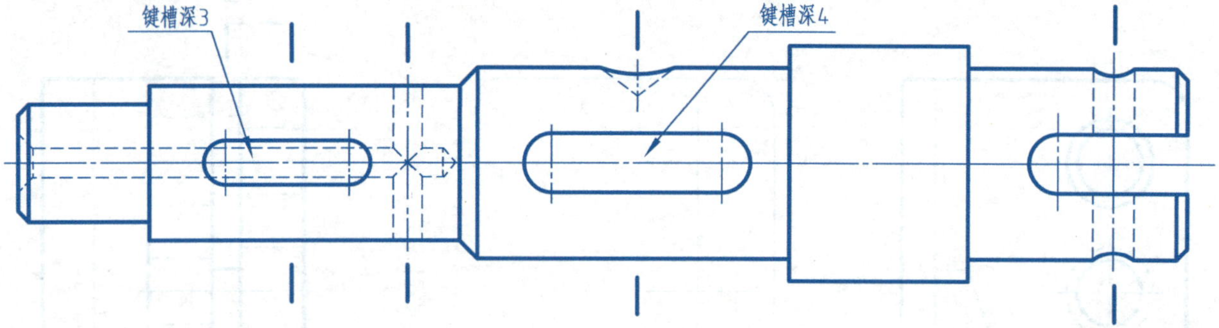

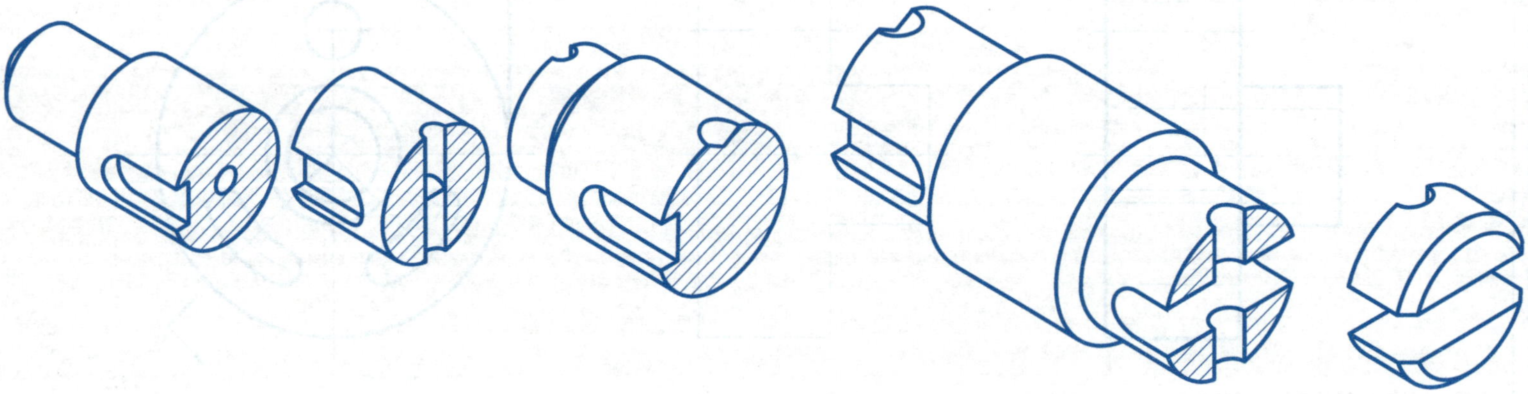

7.17　画出指定位置的移出断面图（二）

2.

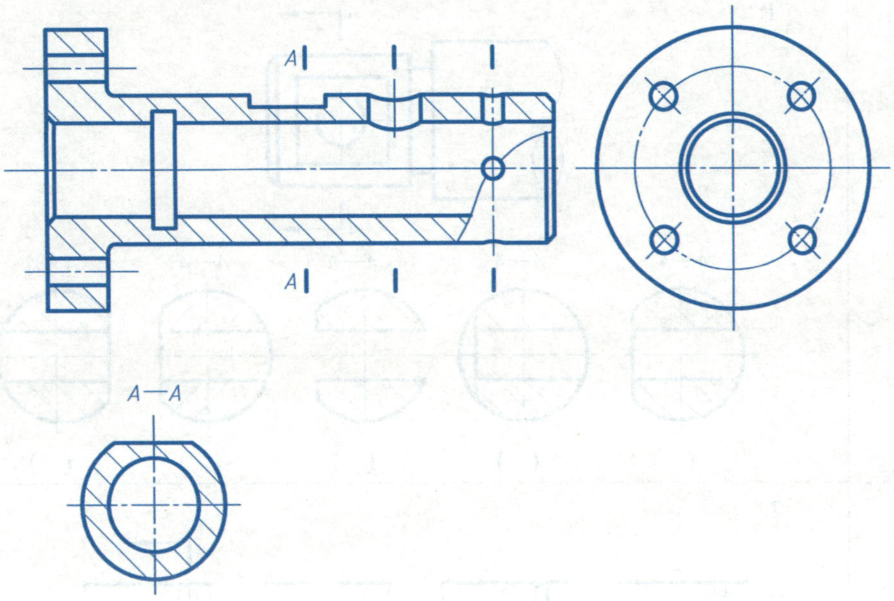

7.18　在指定位置画出重合断面图

1.

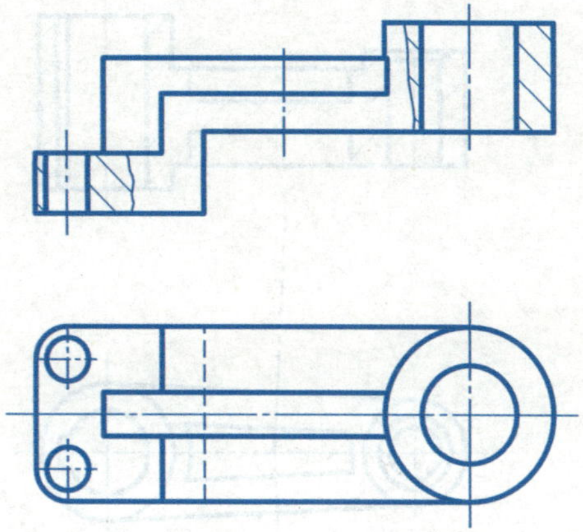

2.

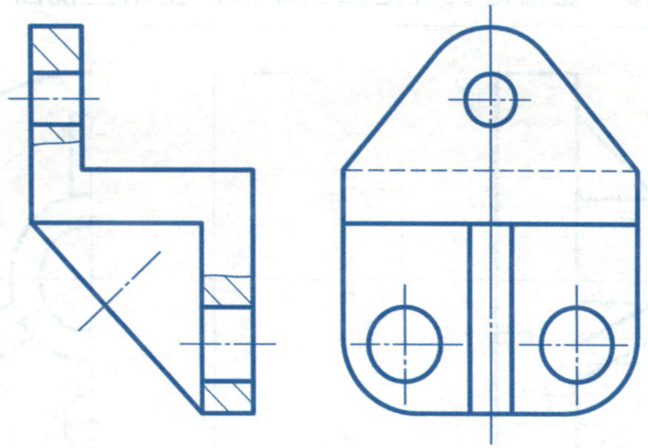

7.19　在两个相交剖切面的延长线上，画出移出断面图

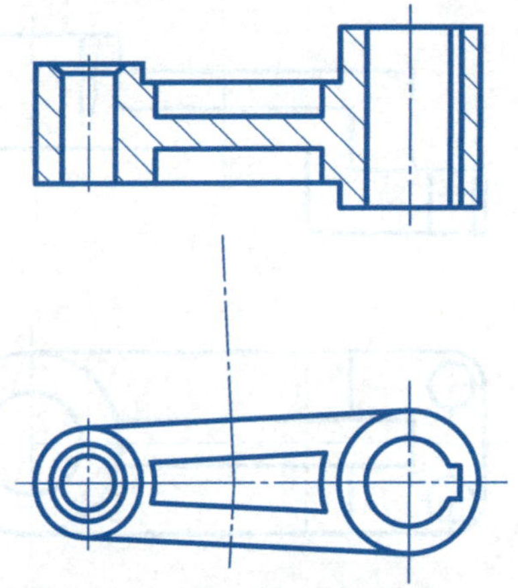

7.21　判断下列断面图的画法是否正确（正确的打“✓”，错误的打“×”）

1.

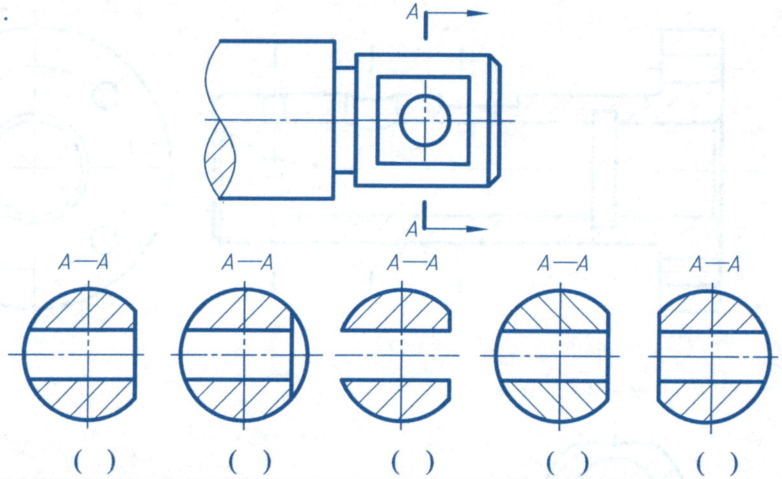

7.20　在指定位置上画出正确的全剖主视图

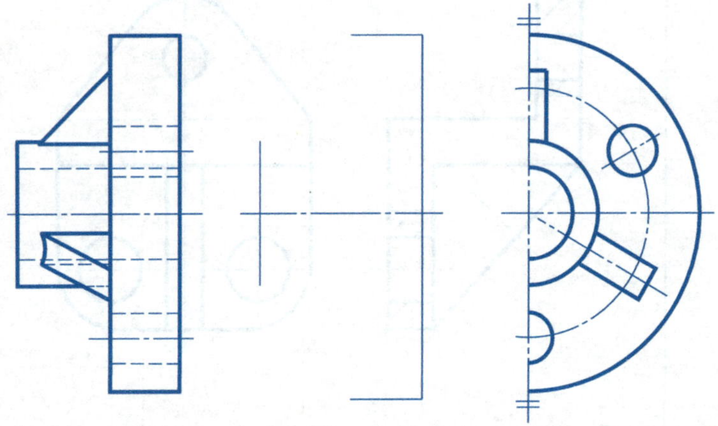

2.

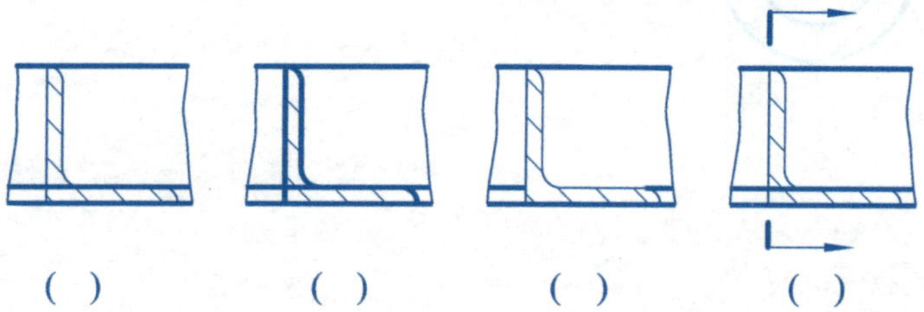

7.22　已知机件主、俯视图，在其右侧指定位置上完成全剖的主视图和半剖的左、俯视图

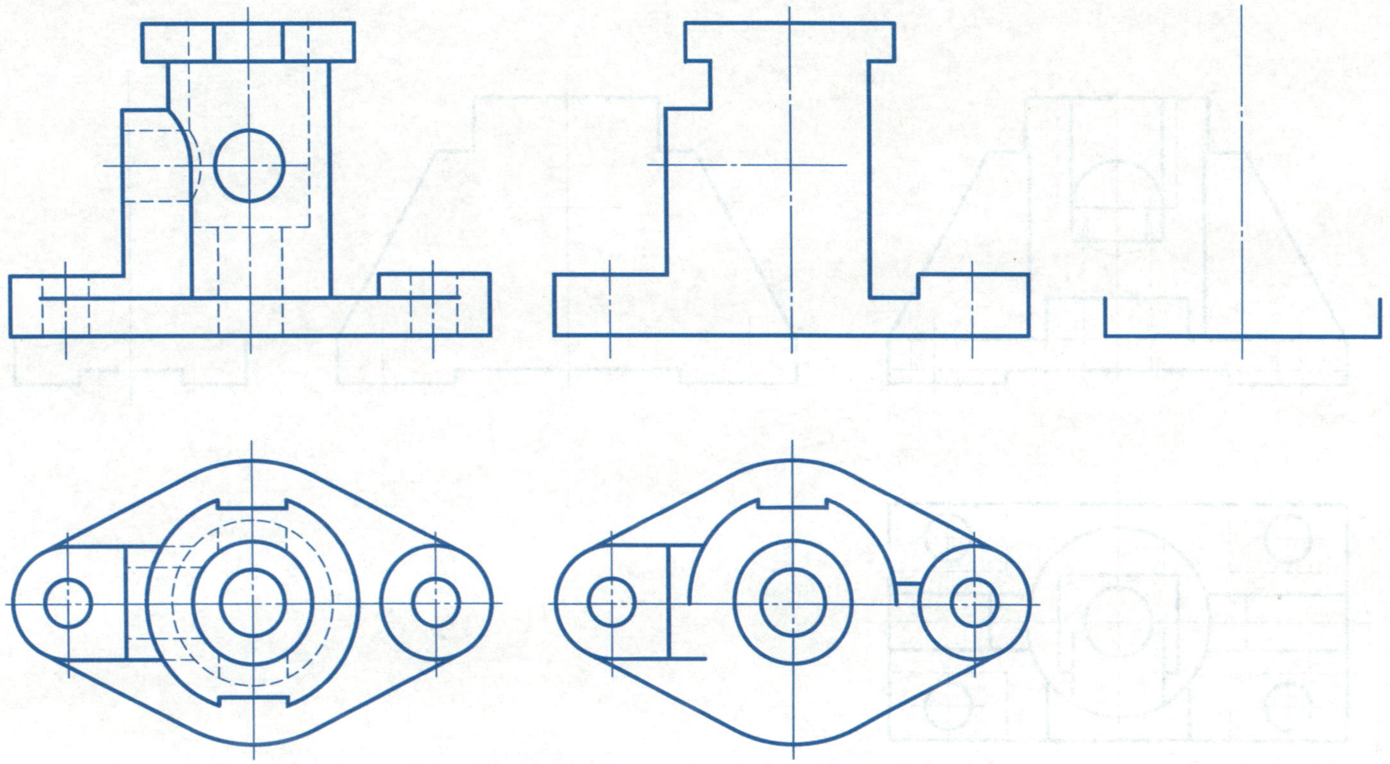

班级　　　　　姓名　　　　　学号

7.23　已知机件主、俯视图，在其右侧指定位置上完成半剖的主视图和全剖的左视图，并分别用局部剖视图和移出断面图将底板上的小孔和肋板结构表达清楚

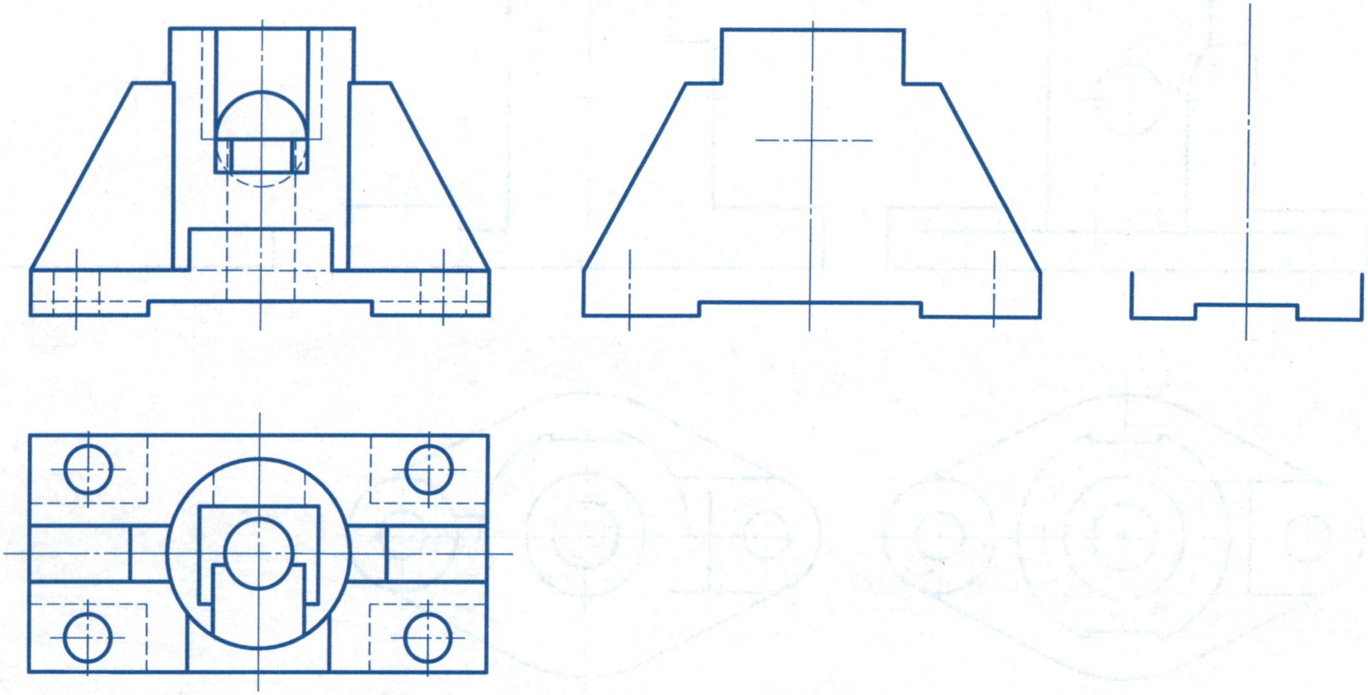

班级 姓名 学号

7.24 分析机件结构，选择适当的表达方法表达机件，按 1 : 1 绘制在 A3 图纸上，并标注尺寸（一）

1.

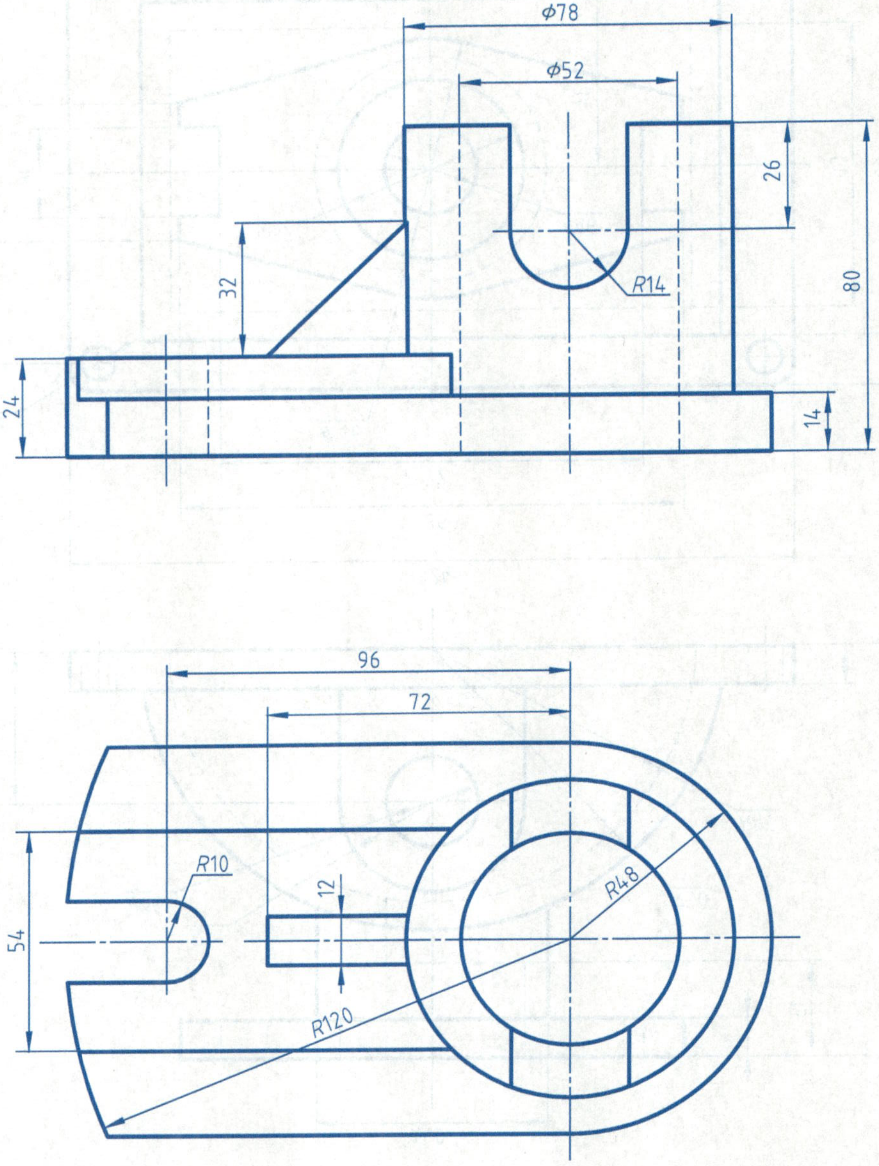

班级　　　　姓名　　　　学号

7.24　分析机件结构，选择适当的表达方法表达机件，按 1 : 1 绘制在 A3 图纸上，并标注尺寸（二）

2.

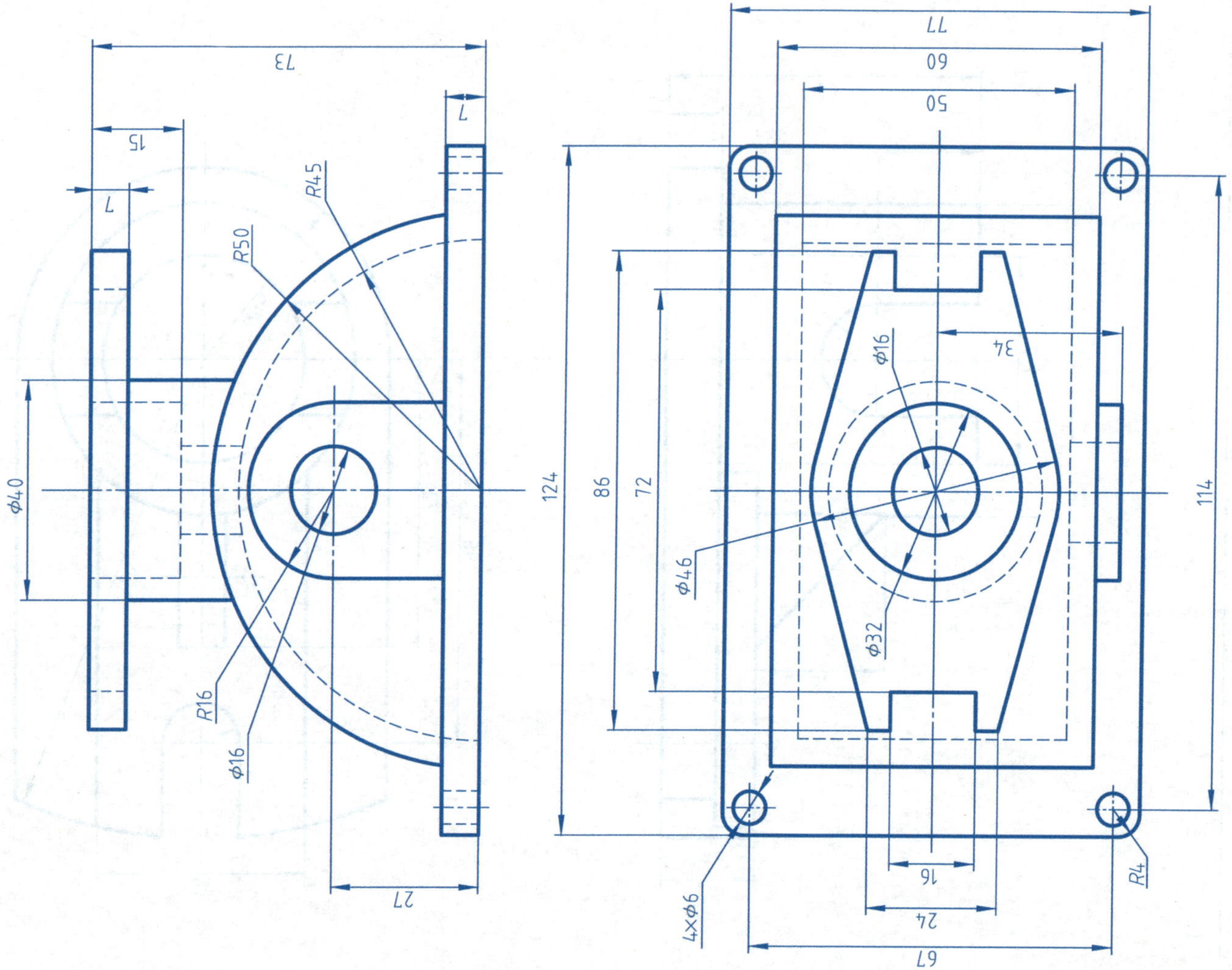

班级　　　　姓名　　　　学号

7.24　分析机件结构，选择适当的表达方法表达机件，按 1 : 1 绘制在 A3 图纸上，并标注尺寸（三）

3.

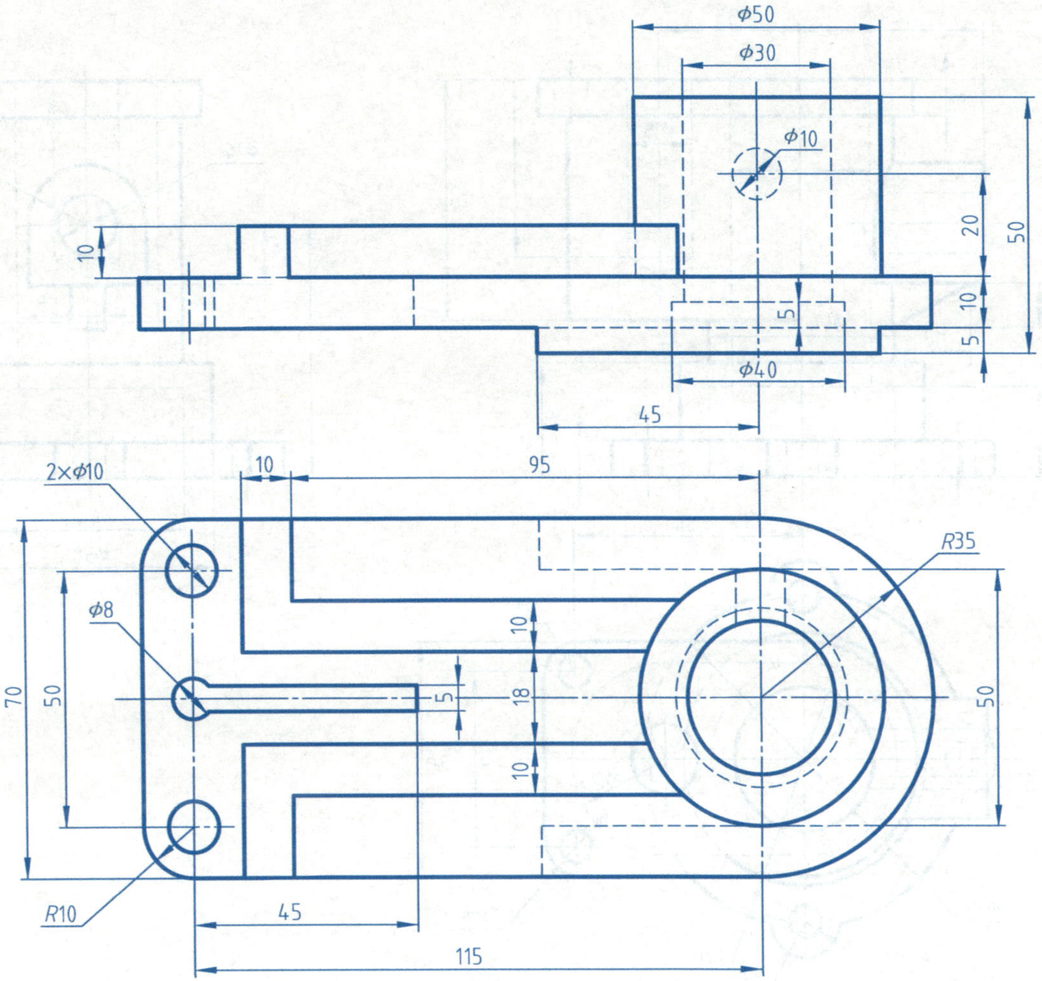

7.24　分析机件结构，选择适当的表达方法表达机件，按 1 : 1 绘制在 A3 图纸上，并标注尺寸（四）

4.

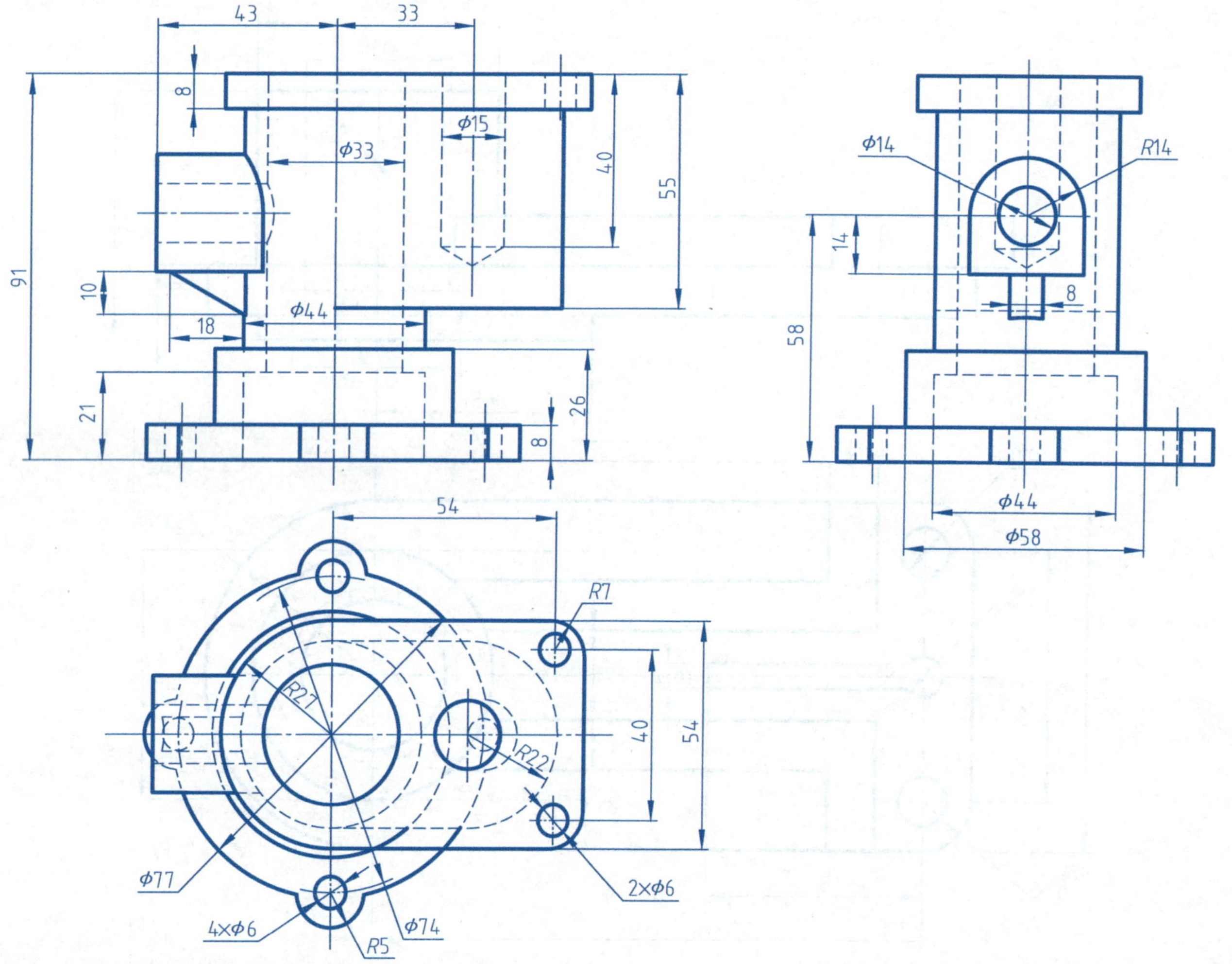

7.25 根据机件视图与尺寸，进行三维建模，再生成工程图并取图示表达方法（一）

1.

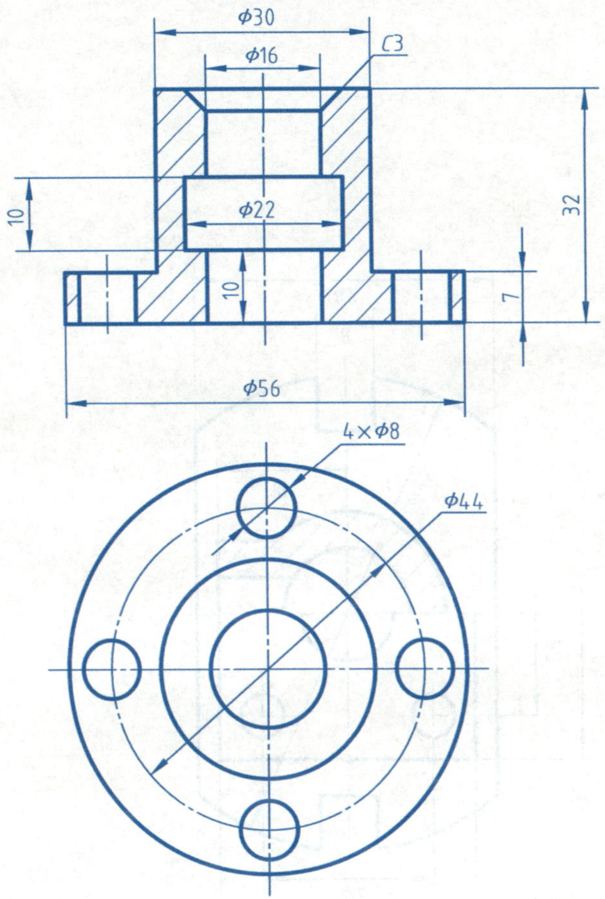

2.

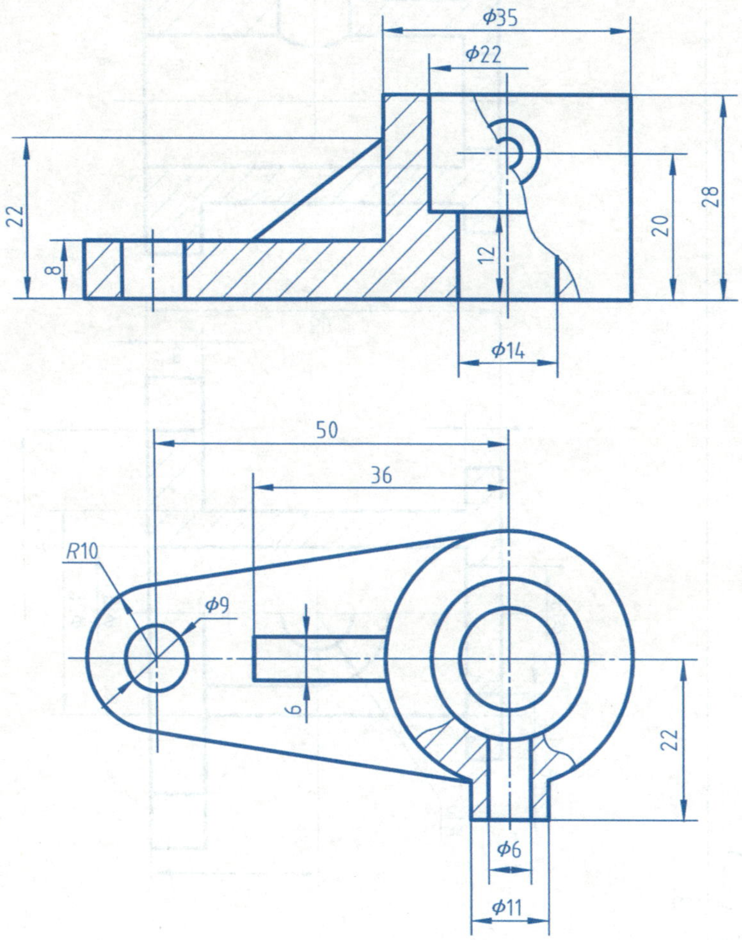

7.25 根据机件视图与尺寸，进行三维建模，再生成工程图并取图示表达方法（二）

3.

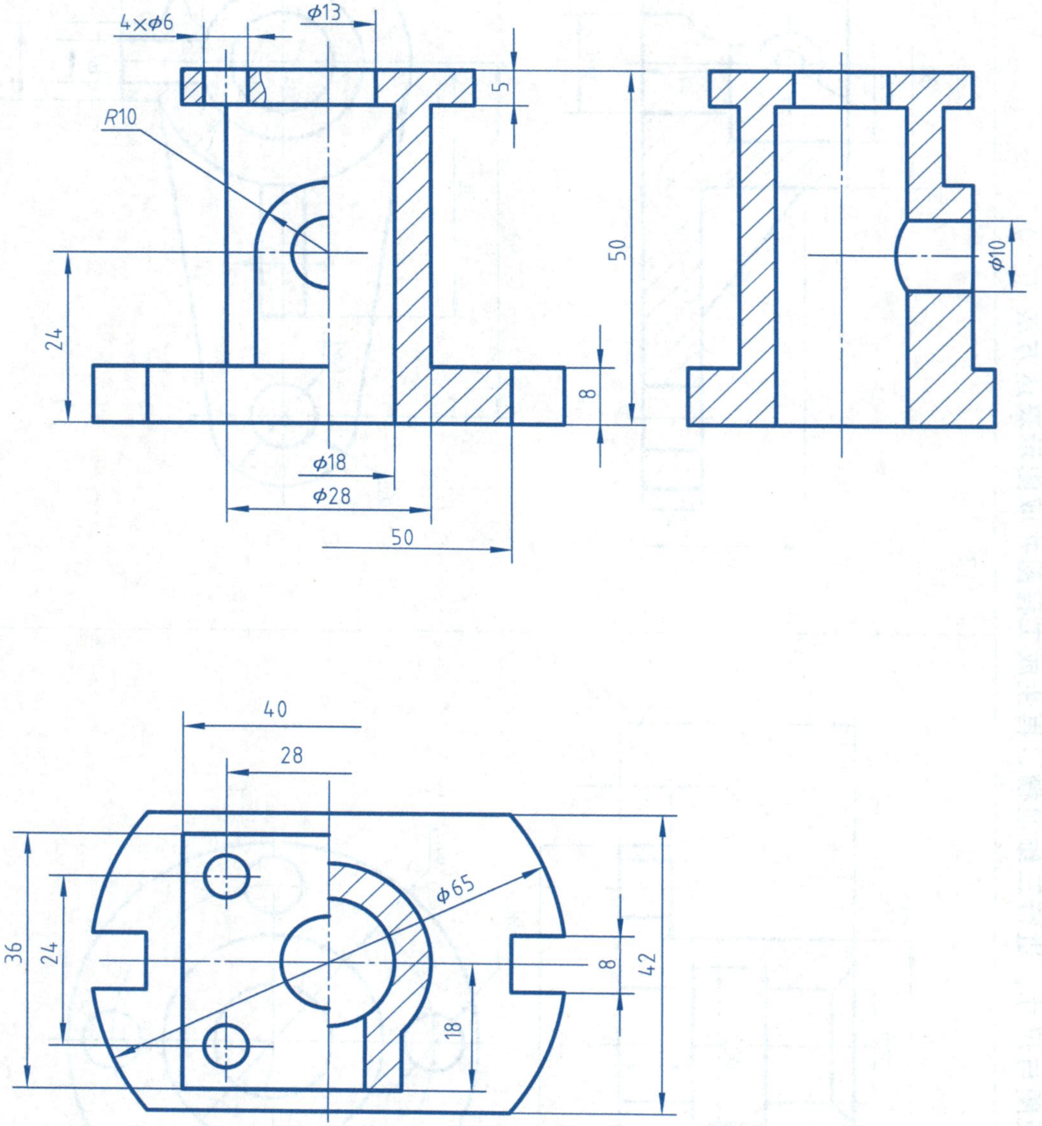

第八章　标准件与常用件的表达方法

班级　　　　　　姓名　　　　　　学号

8.1　分析下列螺纹的画法指出错误的地方，将正确的画在指定的位置上

1.

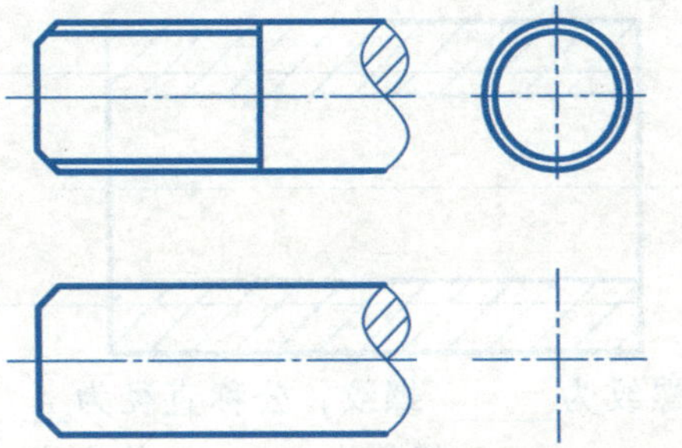

2.

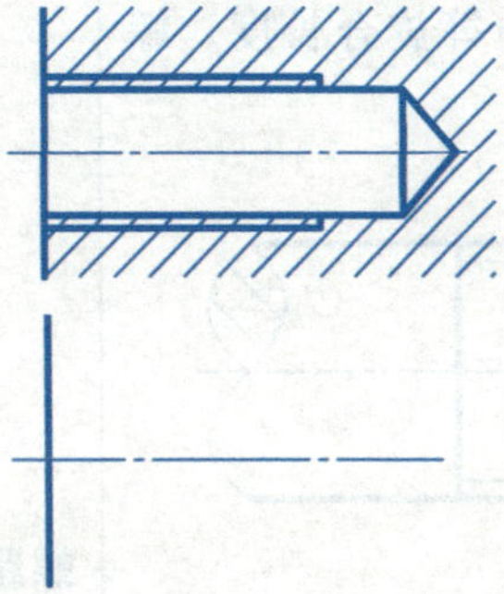

3.

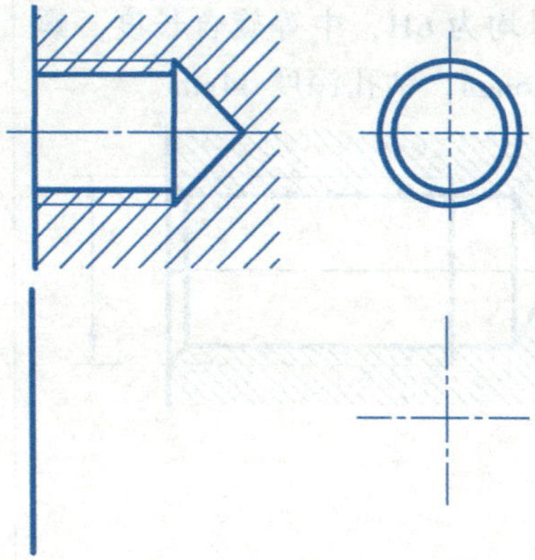

4.

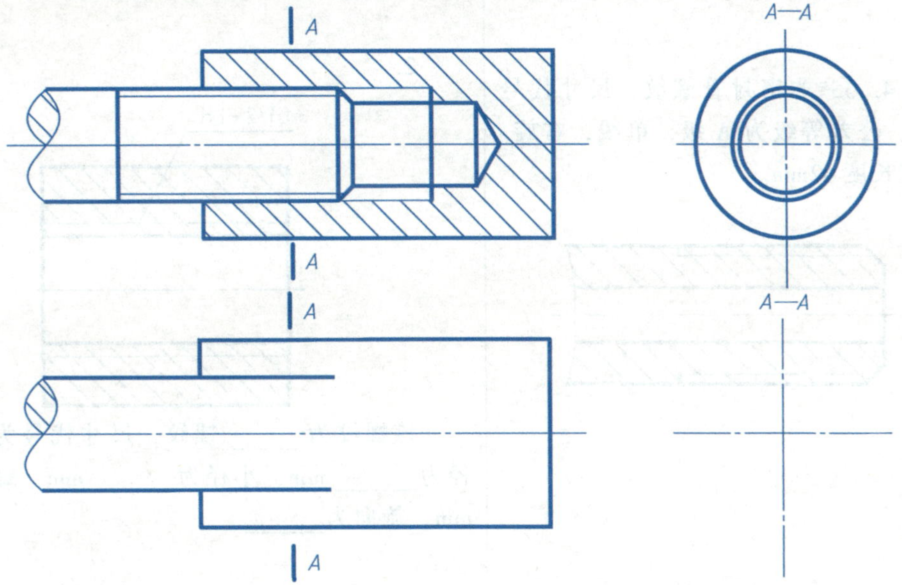

班级　　　　姓名　　　　学号

8.2 由已知数据标注螺纹部分的尺寸

1. 普通螺纹大径 16mm，螺距 1.5mm，单线，左旋，中径、顶径公差带代号均为 6H，中等旋合长度。螺纹长度 36mm，钻孔深度 44mm。

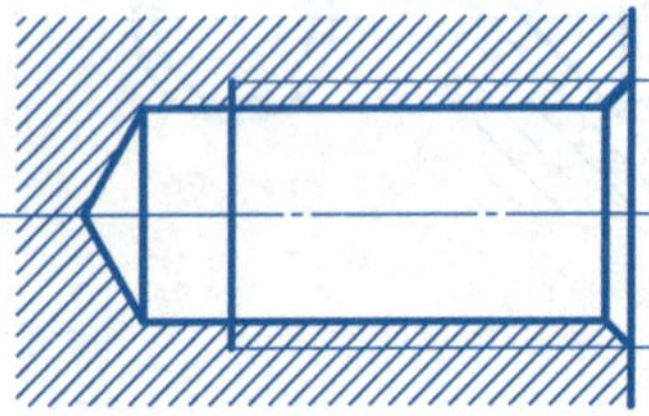

2. 普通螺纹大径 20mm，螺距 2.5mm，单线，右旋，中径、顶径公差带代号均为 6g，中等旋合长度。螺纹长度 32mm。

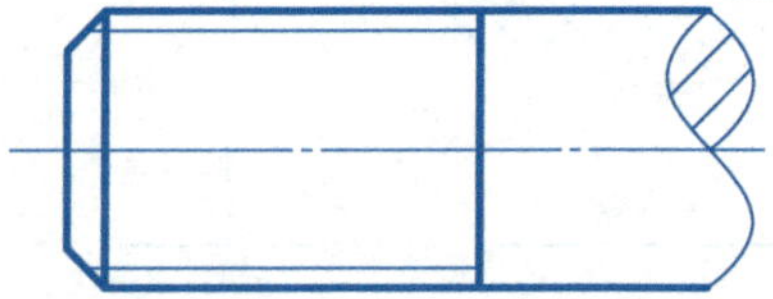

3. 梯形螺纹公称直径 26mm，螺距 3mm，线数 2，左旋，中径公差带代号 7h，旋合长度为中等旋合。螺纹长度 50mm。

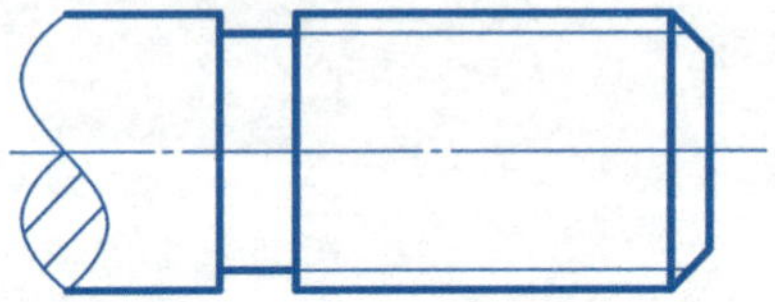

4. 55°非密封管螺纹，尺寸代号 3/4，公差等级为 A 级，单线，右旋。螺纹长度 42mm。

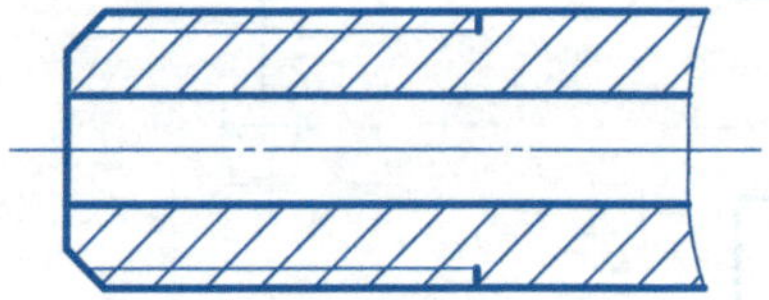

8.3 根据螺纹代号，查表并填写螺纹各要素。

1.

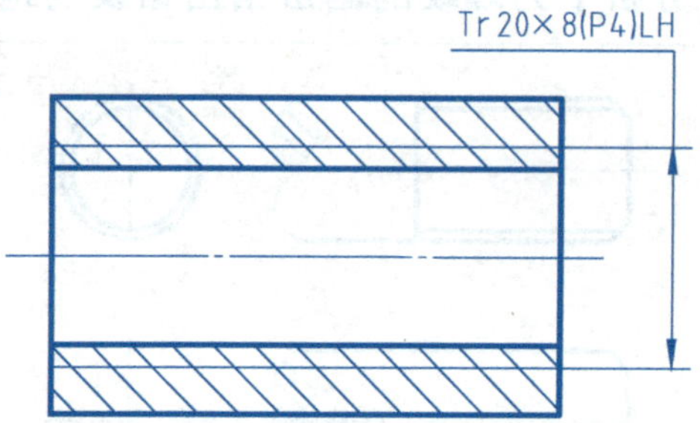

该螺纹为______螺纹，公称直径为______mm，螺距为______mm，线数为______，旋向为______。

2.

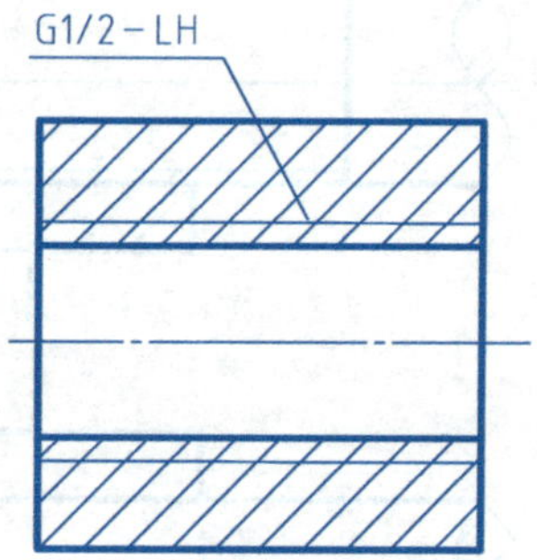

该螺纹为______螺纹，尺寸代号为______，大径为______mm，小径为______mm，螺距为______mm，旋向为______。

班级 姓名 学号

8.4 分析螺栓和螺钉连接的画法，指出错误的地方，将正确的画在右边

1.

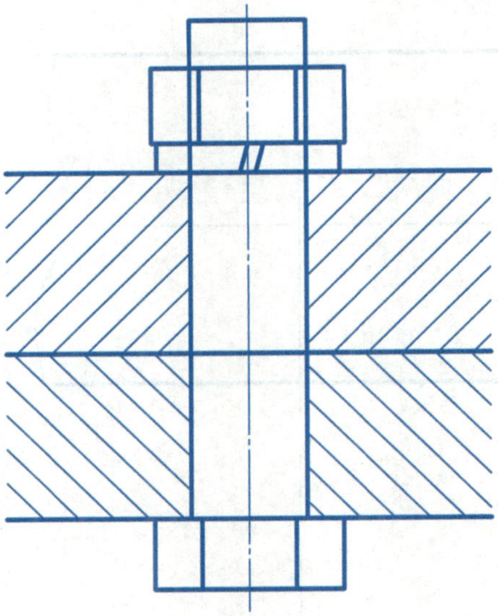

2.

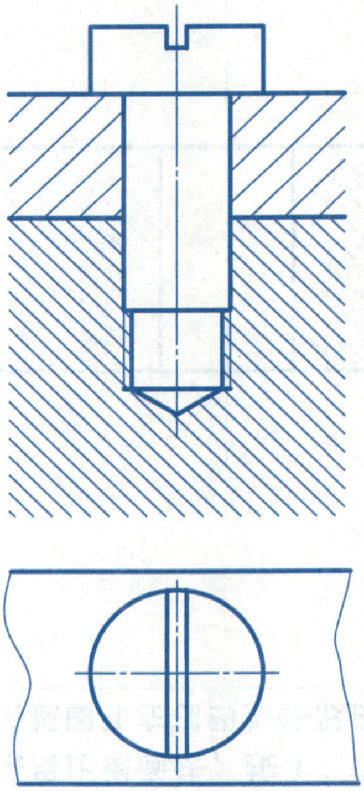

8.5 用螺柱 GB/T 899—1988 M16×50、螺母 GB/T 6170—2015 M16、垫圈 GB/T 97.1—2002 16 连接上板（已画出，厚度 28mm）与下板（厚 45mm）。试采用比例画法，按 1∶1 画出螺柱连接的装配图，其中主视图为全剖视图，俯视图和左视图为外形视图

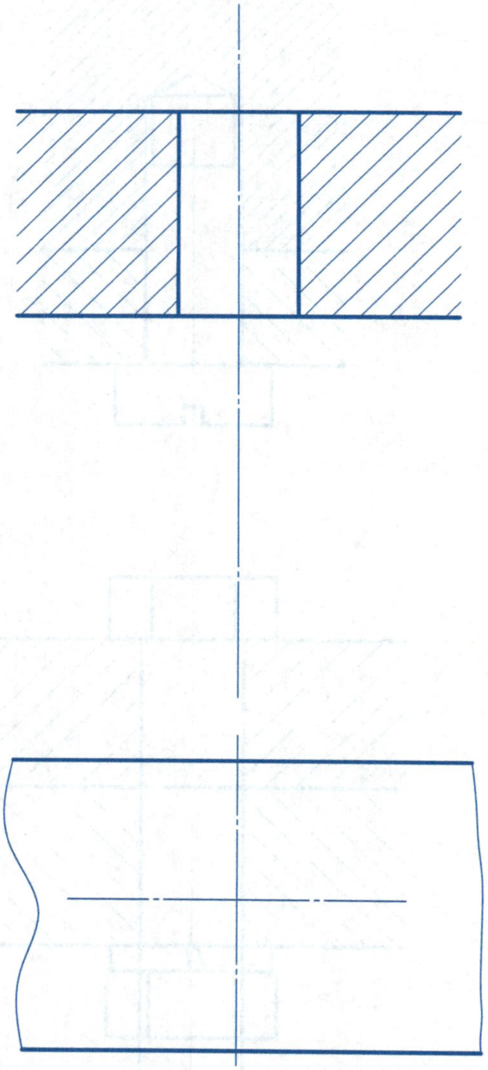

班级　　姓名　　学号

班级　　　　姓名　　　　学号

8.6 指出螺纹连接图中的错误，画出正确的螺纹连接图（图中已标出的错误仅供参考）（一）

1.

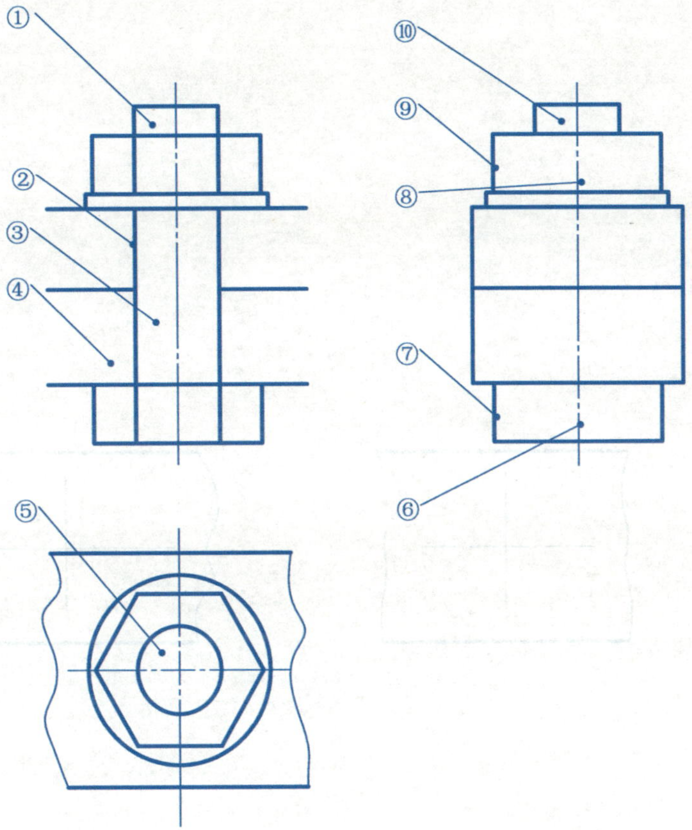

2.

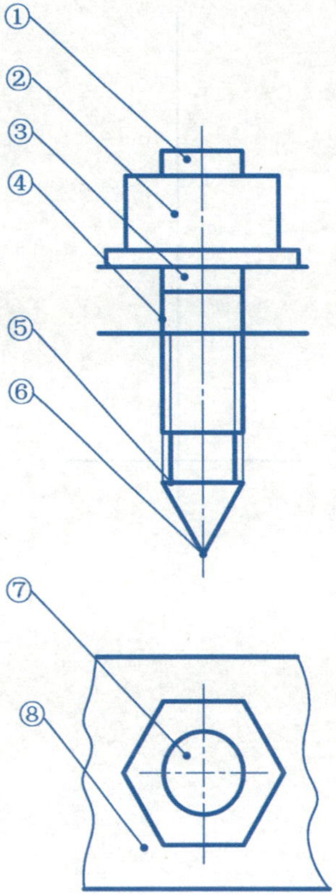

3.

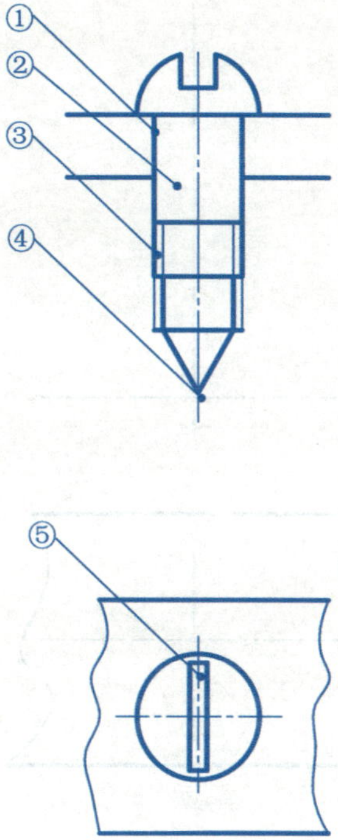

班级　　　　姓名　　　　学号

8.6 指出螺纹连接图中的错误，画出正确的螺纹连接图（图中已标出的错误仅供参考）（二）

1.

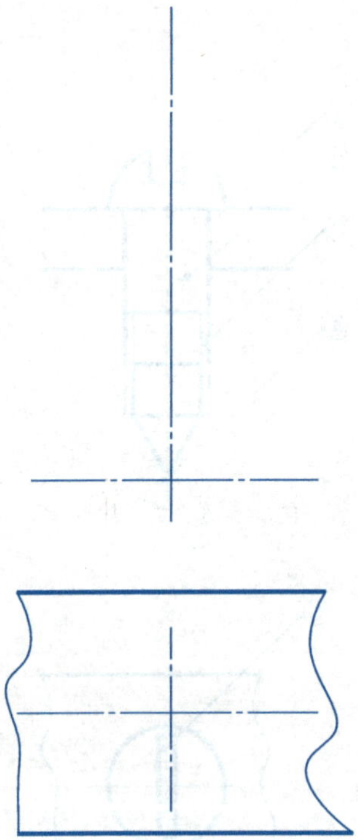

2.

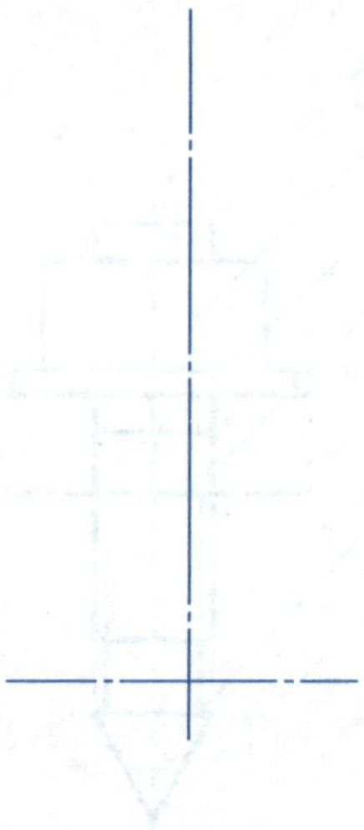

3.

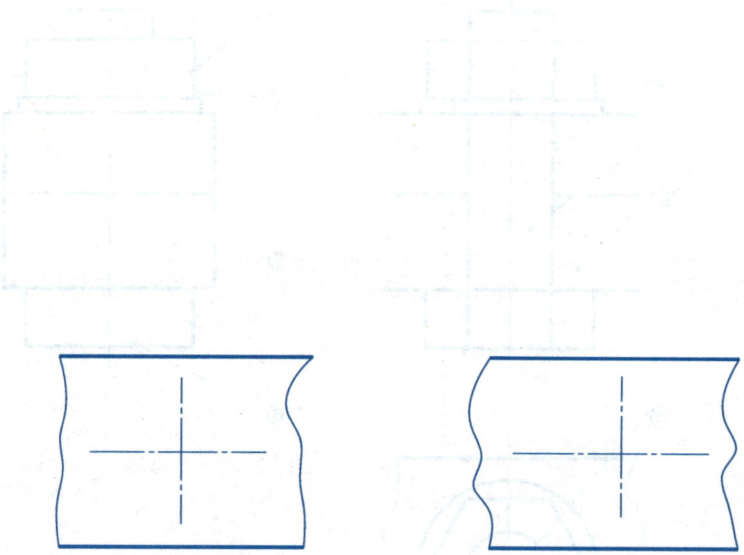

8.7 螺纹连接设计

1. 设计要求。

1）按所给条件设计出三种螺纹连接。并用 A3 图纸采用比例或查表简化画法，按 1∶1的比例，分别画出三种螺纹连接图（只画主、俯视图）。

2）确定所需连接件的规定标记，标注在相应俯视图的下方。

2. 已知条件。

1）用 M24 螺栓连接板厚均为 40mm 的两零件。

2）用 M24 双头螺柱连接，上板厚为 30mm，下板厚为 65mm，材料为铸铁，采用弹簧垫圈。

3）用 M10 沉头螺钉连接，上板厚为 15mm，下板厚为 30mm，材料为钢。

3. 作业要求。

1）恰当布局三组图形（如本页例图）。

2）弄清螺纹连接件与连接零件之间的连接关系，注意装配图中的规定画法。

3）注意剖面线的方向，上下两板的剖面线方向要相反。同一零件在不同视图中的剖面线方向、间隔要相同。

4）图名填写：螺纹连接设计。

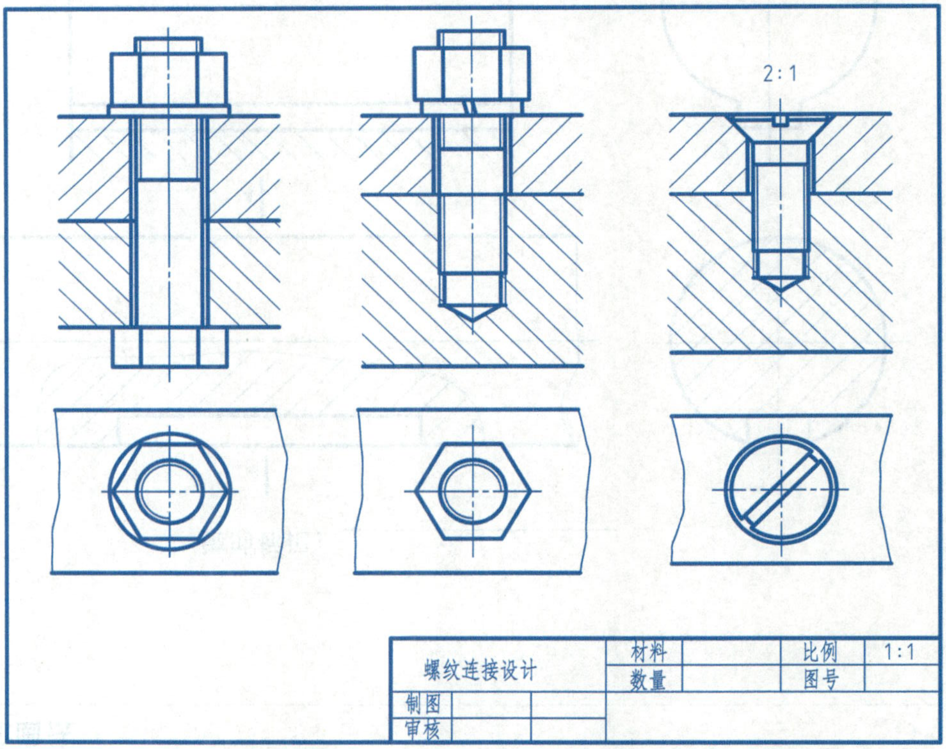

班级 姓名 学号

8.8 已知轴和轮之间用 A 型普通平键连接，轴的直径为 28mm，键的长度为 40mm。写出键的标记，分别注出轴和轮上键槽的尺寸，并完成键连接的装配画法

键的标记：________________

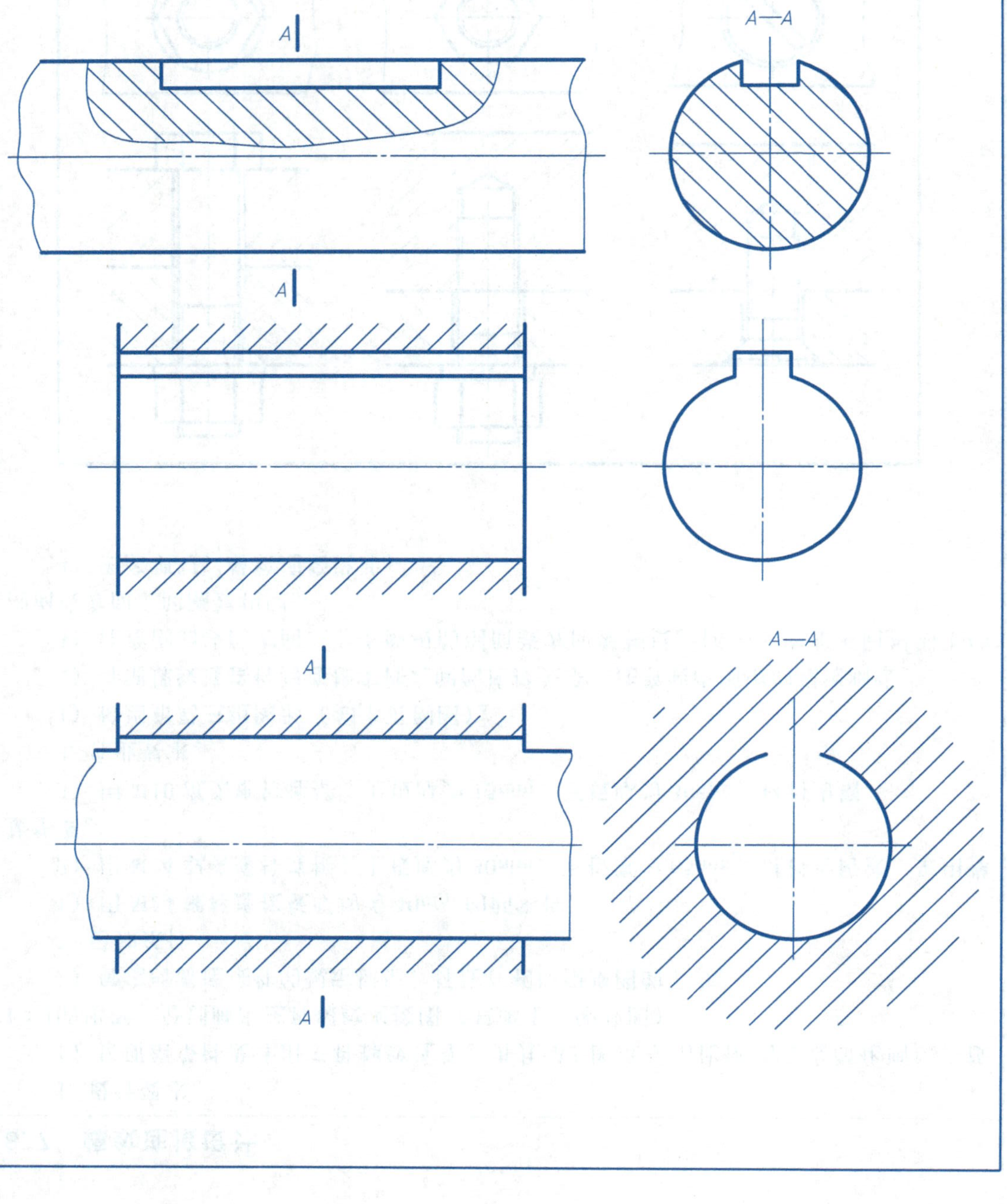

班级　　姓名　　学号

8.9　已知标准直齿圆柱齿轮的齿顶圆直径为 102mm，齿数为 32。计算下列参数值，并补全所缺的投影

模数 $m=$　　，分度圆直径 $d=$　　，齿根圆直径 $d_f=$　　。

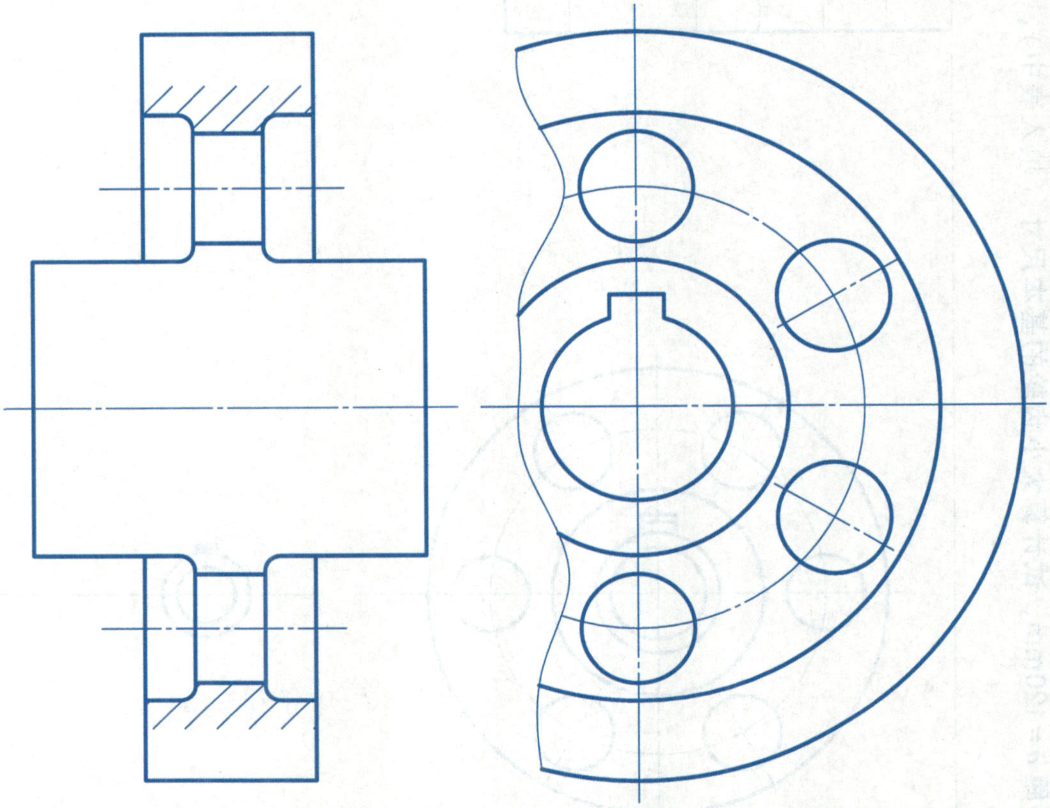

8.10　已知圆柱螺旋弹簧中径 30mm，材料直径 4mm，节距 12mm，自由高度 95mm，右旋。按 1：1 画出全剖的主视图

8.11　已知大齿轮 $m=4\text{mm}$，$z=40$，两轮中心距 $a=120\text{mm}$，试计算大小齿轮的基本尺寸（填入表中），并用 1∶2 的比例完成啮合图

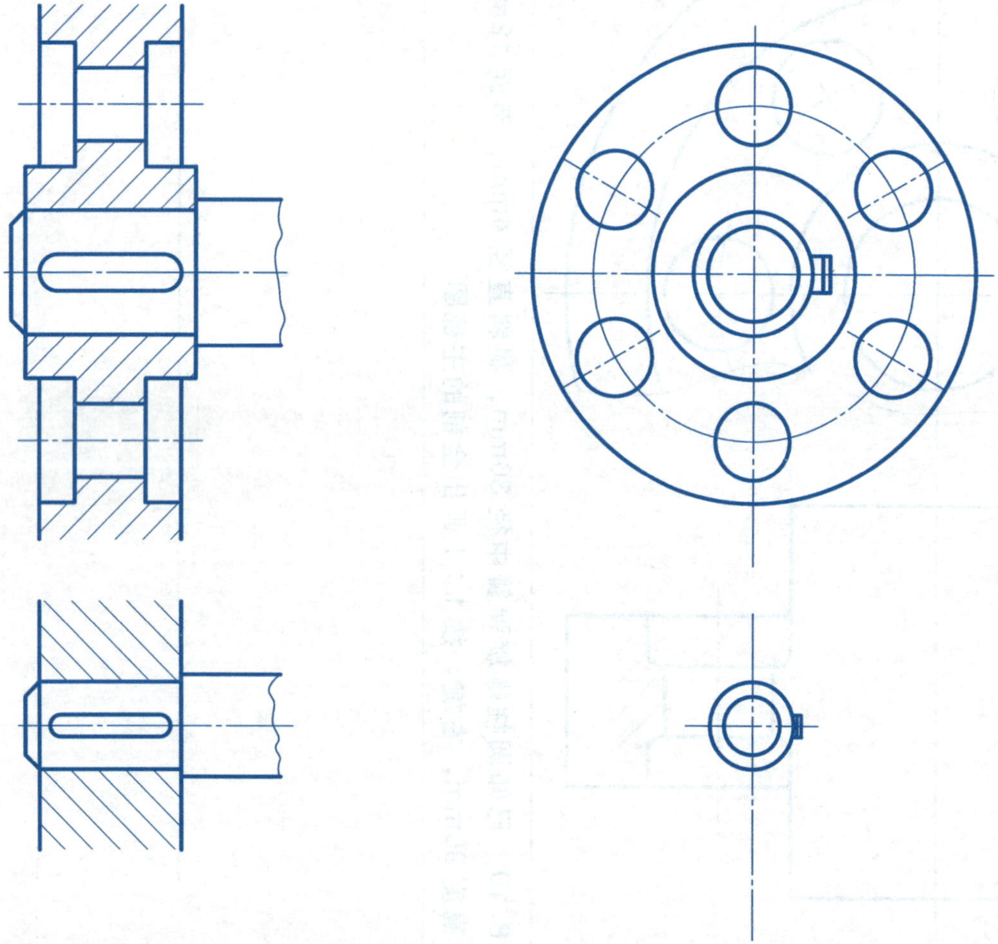

$z_{小}$	
d_{a1}	
d_{f1}	
d_1	
d_{a2}	
d_{f2}	
d_2	

8.12　已知一对直齿圆柱齿轮的中心距 $a=96\text{mm}$，小齿轮齿数 $z_1=18$，大齿轮齿数 $z_2=30$，试计算大、小齿轮的分度圆、齿顶圆和齿根圆直径，并用 1∶2 比例完成下图

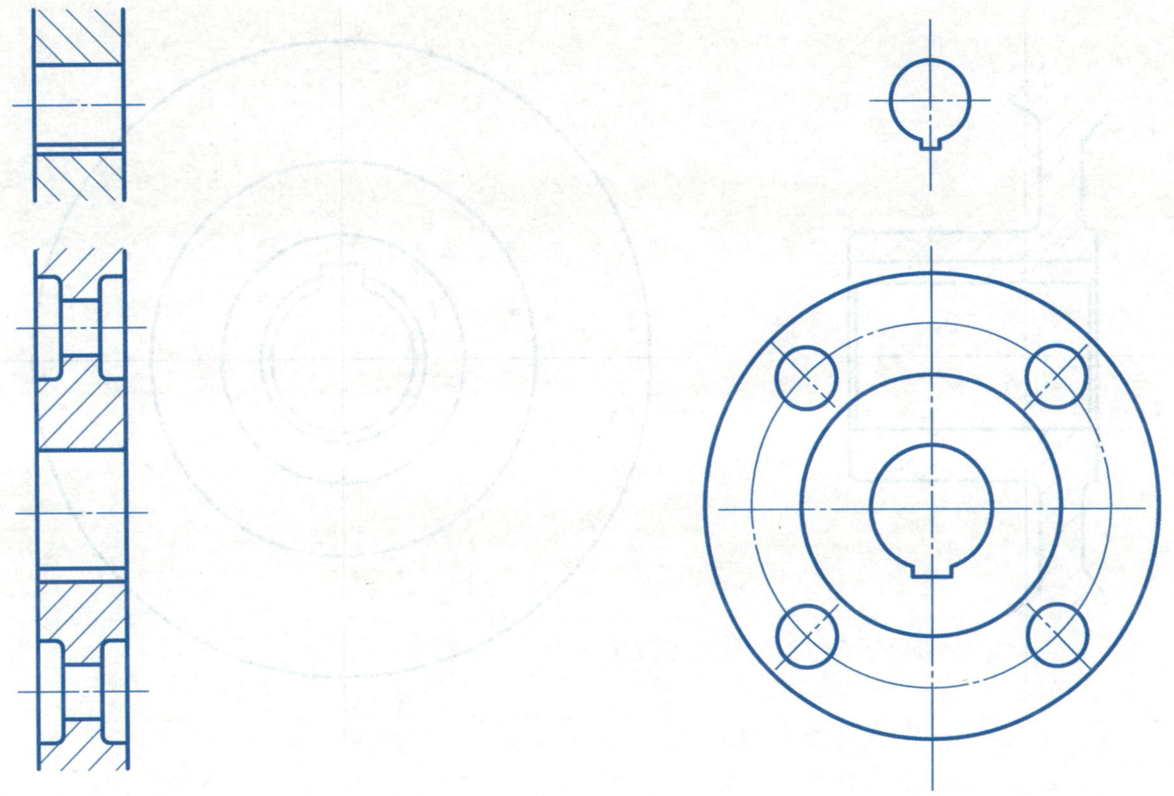

8.13　已知圆锥直齿轮的齿数 $z=25$，模数 $m=4\text{mm}$，分度圆锥角 $\delta=45°$，试计算齿轮的各基本尺寸，并完成两视图（1∶1）

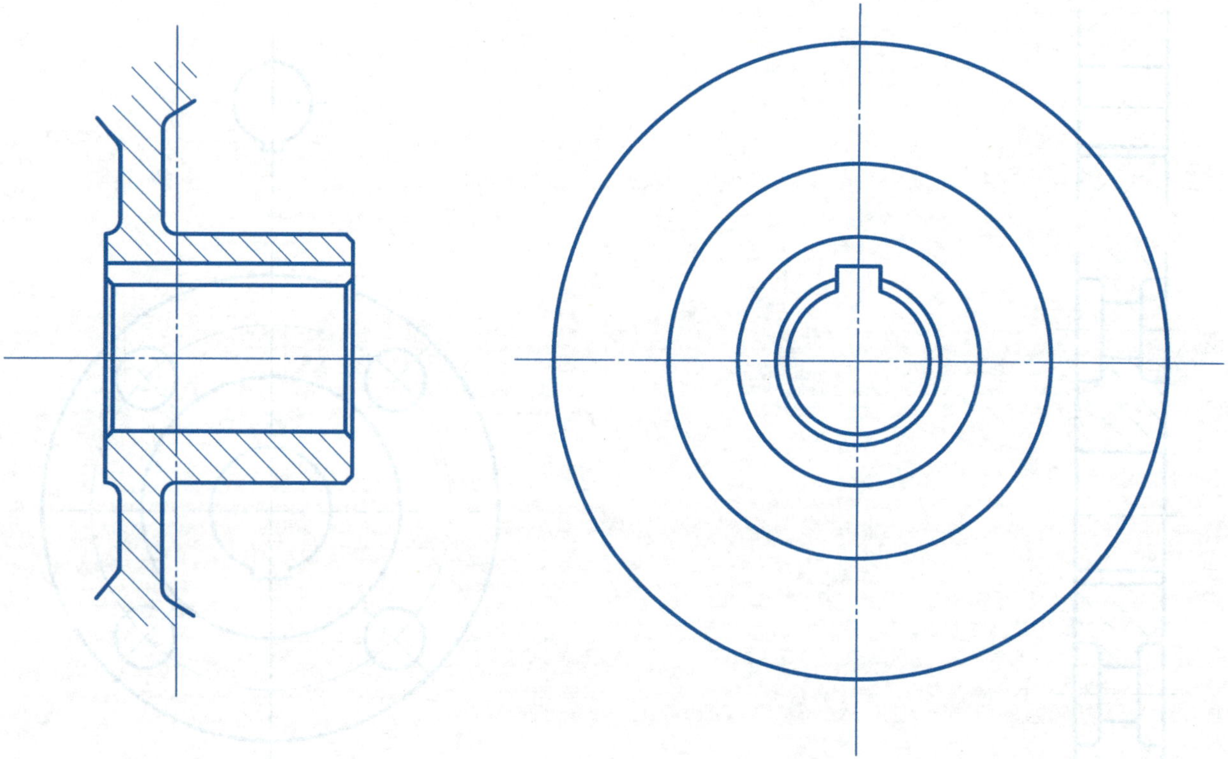

8.14　已知一对直齿圆锥齿轮啮合，模数 $m=3\text{mm}$，齿宽 $b=15\text{mm}$，小齿轮的齿数 $z_1=21$，大齿轮的齿数 $z_2=30$，用 1 : 1 完成两齿轮的啮合图

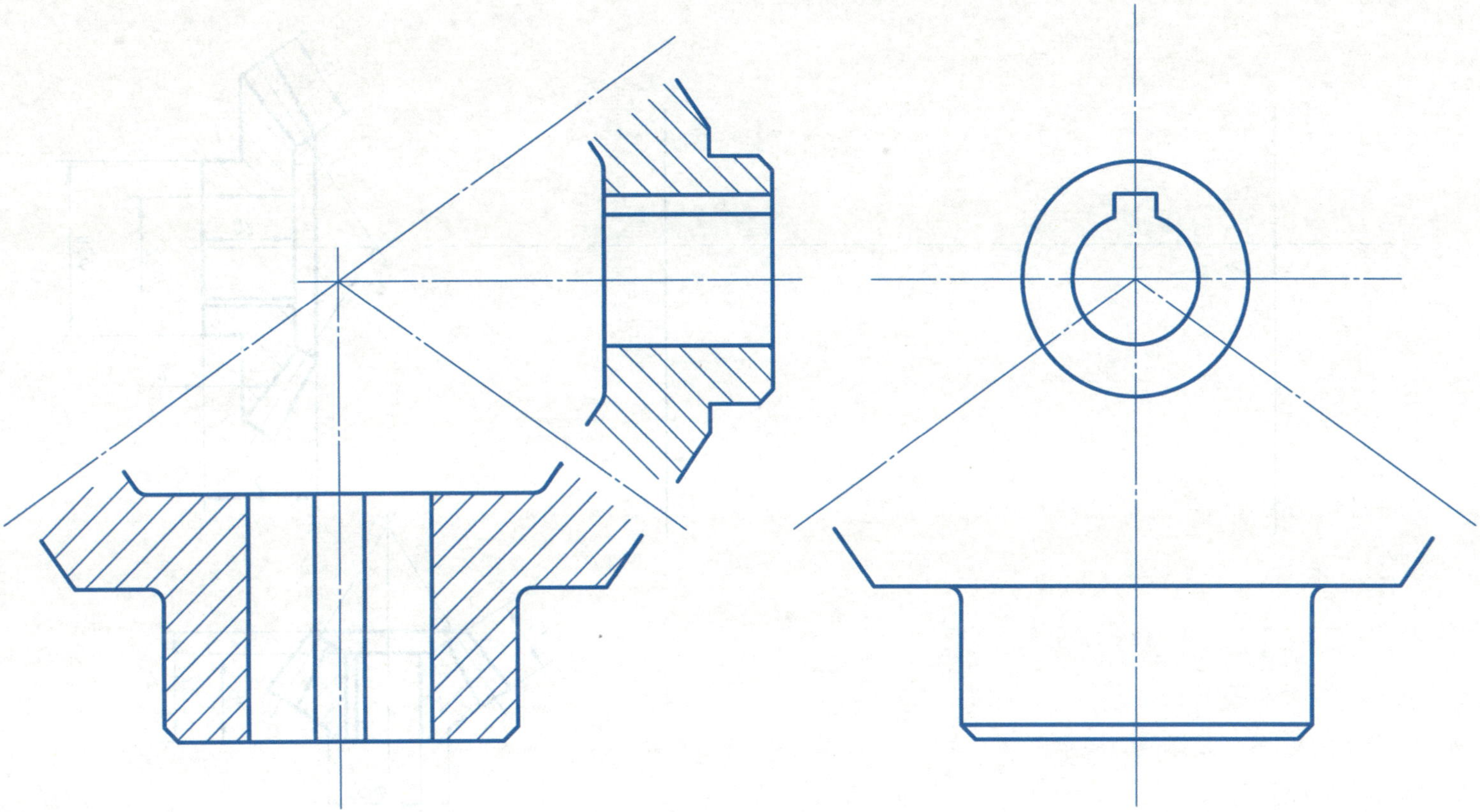

班级　　　　姓名　　　　学号

8.15　一对圆锥齿轮，模数为 3mm，齿数分别为 15 和 27，其余尺寸见图，按 1∶1 比例画出它们啮合时的剖视图及左视图

剖视图

左视图

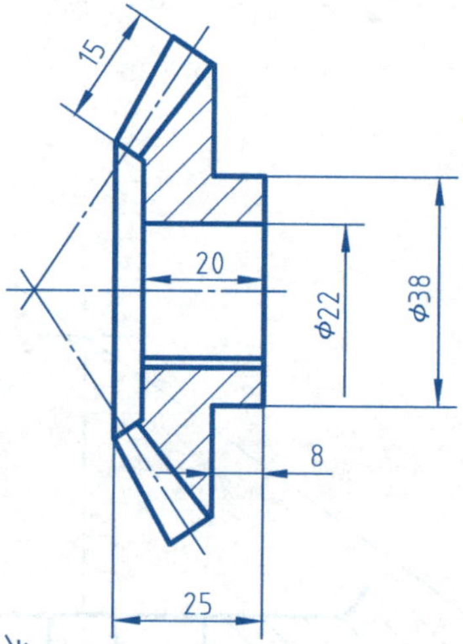

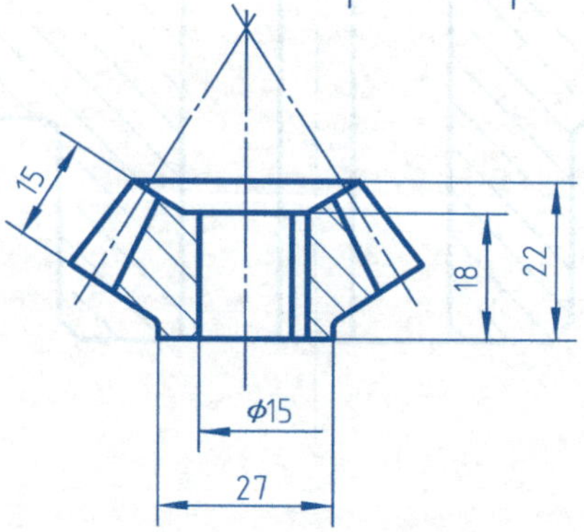

班级　　　　姓名　　　　学号

8.16　蜗杆与蜗轮的模数为 5mm，蜗轮齿数为 32，蜗杆头数为 1、直径系数为 10，试完成蜗杆与蜗轮的啮合图，比例为 1 : 2

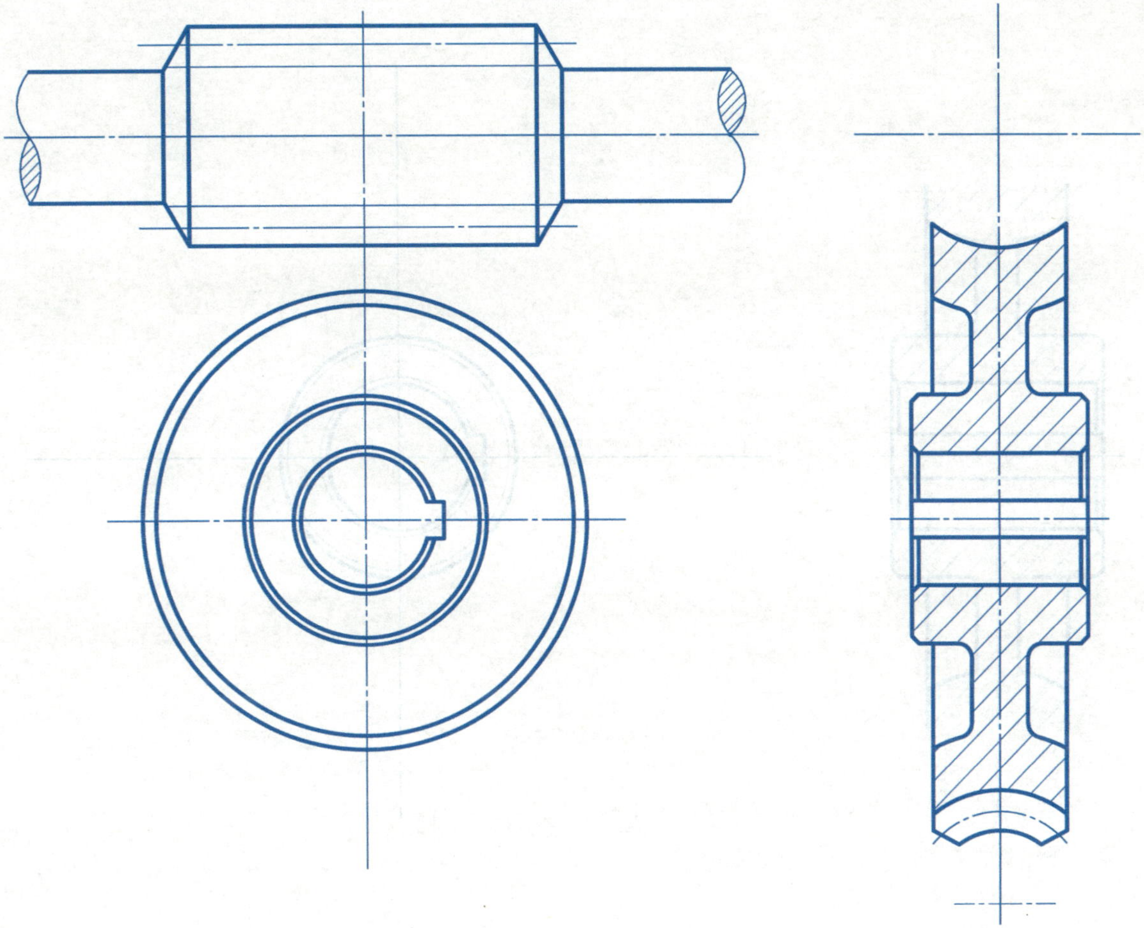

班级　　　　　姓名　　　　　学号

8.17　蜗杆和蜗轮的模数 m=5mm，蜗杆的 d_1=50mm，z_1=1，蜗轮的 z_2=32，试完成蜗杆、蜗轮的啮合图(1∶2)

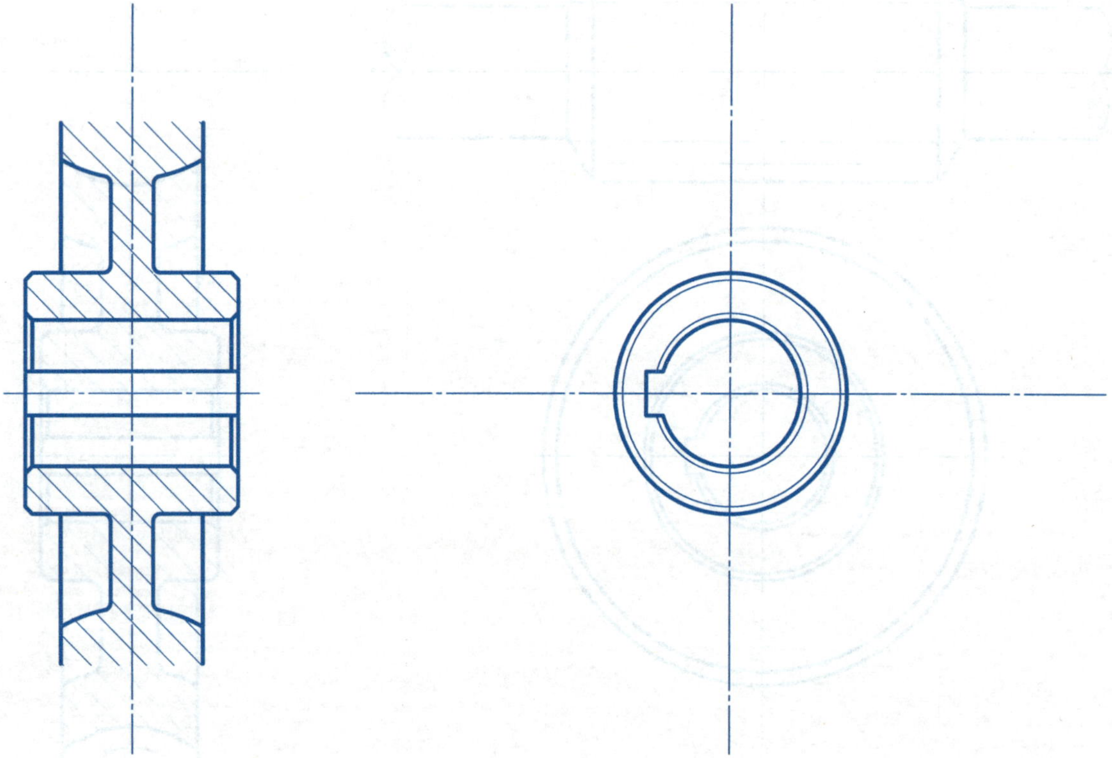

班级 姓名 学号

8.18 在指定位置画出左下角各标准件以及齿轮啮合部分所缺的图线，标准件尺寸由图中直接量取

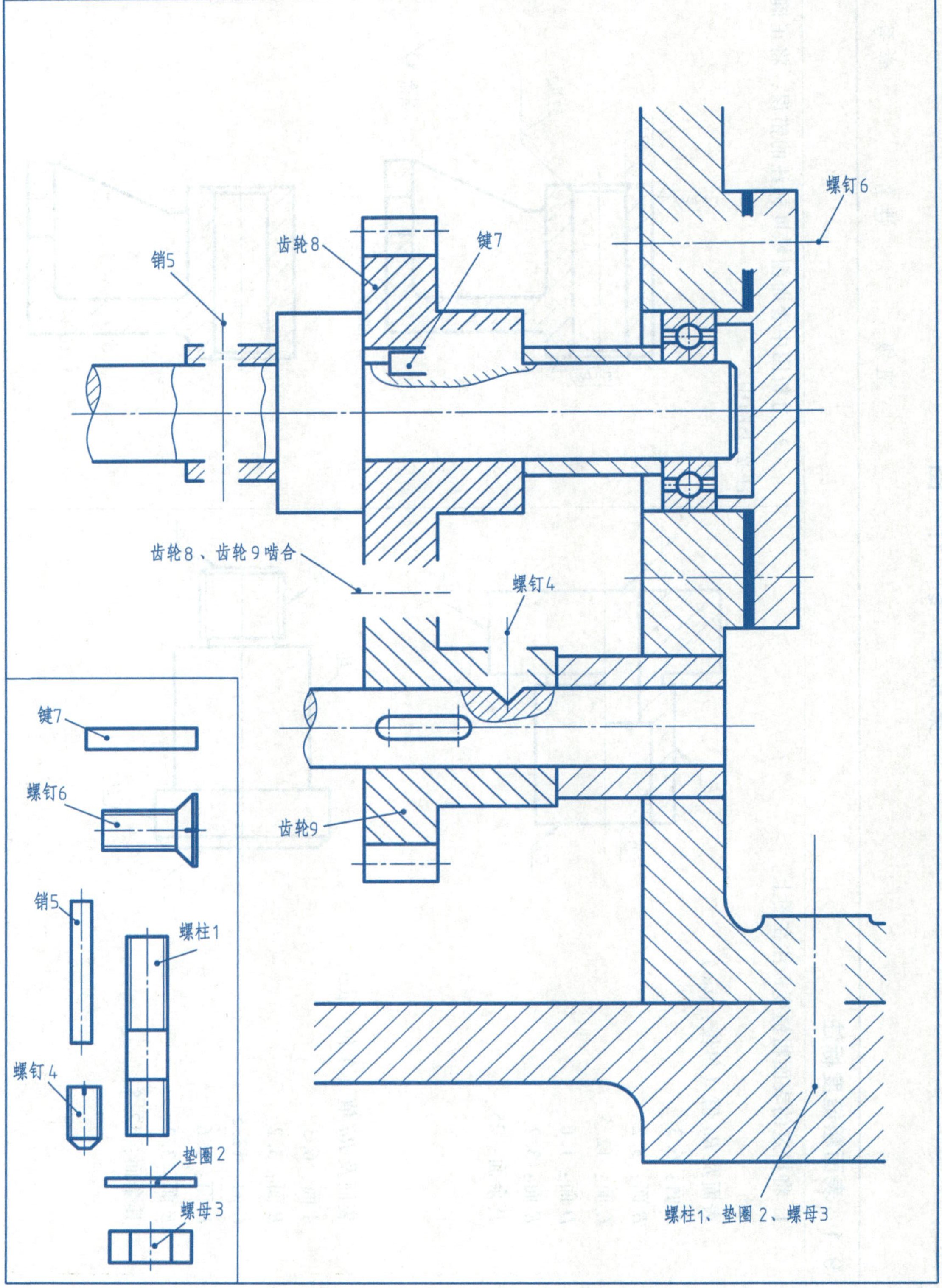

班级 姓名 学号

9.1 表面粗糙度标注

1. 将指定的表面粗糙度标注在图上。

表面及 *Ra* 值（单位：μm）

A 面：6.3

B 面：3.2

C 面：12.5

D 面：1.6

E 面：3.2

其余面：25

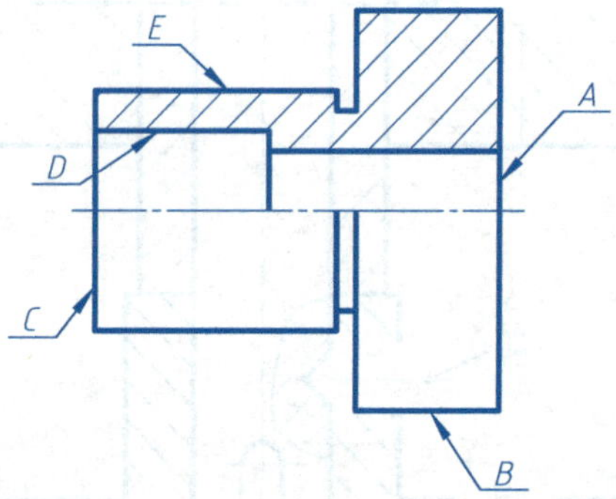

表面及 *Ra* 值（单位：μm）

A 面：6.3

B 面：3.2

C 面：12.5

D 面：1.6

E 面：3.2

其余面：12.5

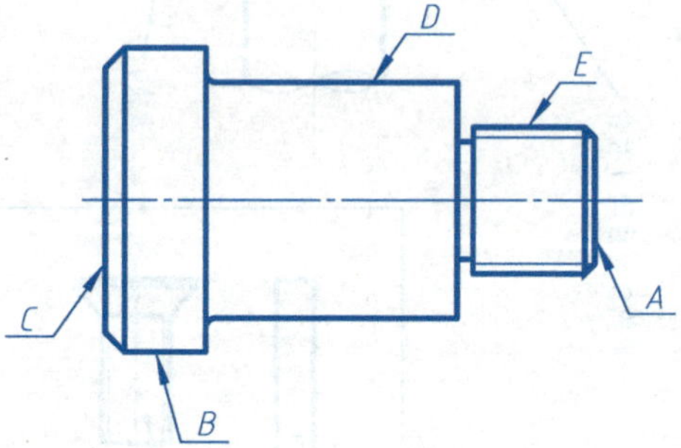

2. 分析图中表面粗糙度标注的错误，将正确注法标注在下图中。

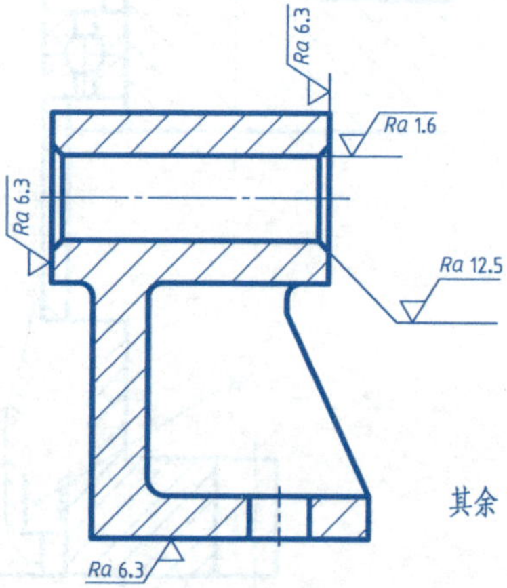

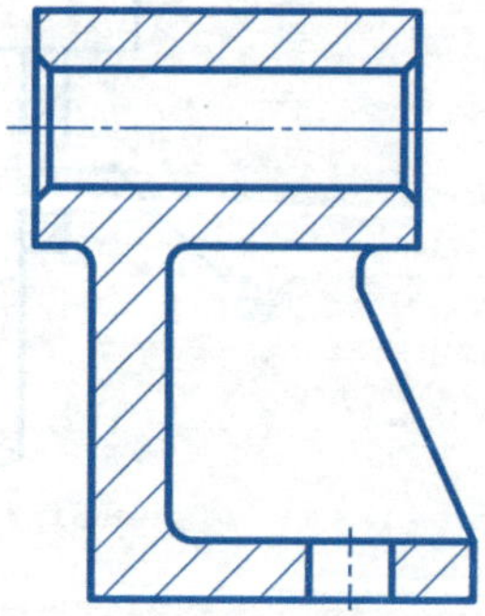

班级　　　　姓名　　　　学号

9.2 极限与配合标注（一）

1. 根据装配图中的配合代号查表，在零件图上分别标注轴和孔的公称尺寸及极限偏差值。

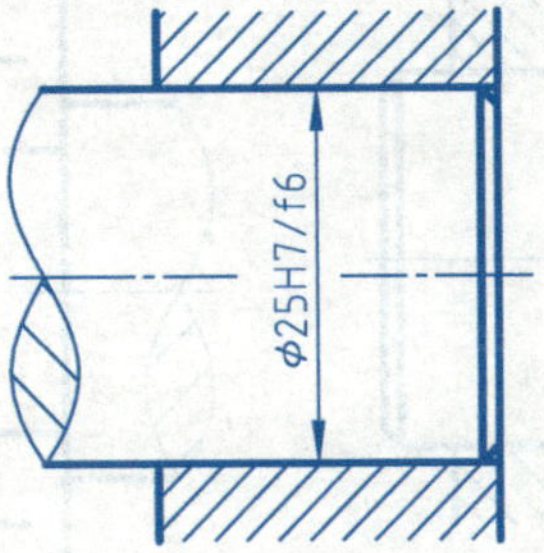

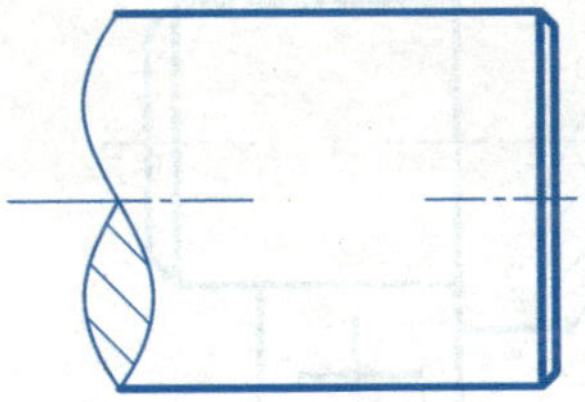

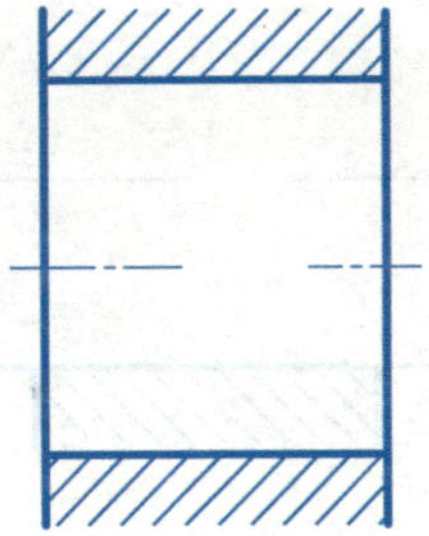

2. 查表填空。

代号	公称尺寸	标准公差等级	极限偏差	公差
ϕ30H7				
ϕ45f6				
ϕ120K8				
ϕ60h11				
ϕ50js6				

9.2 极限与配合标注（二）

1. 检查下列图上标注的尺寸公差中的错误，将正确的标注在下图中。

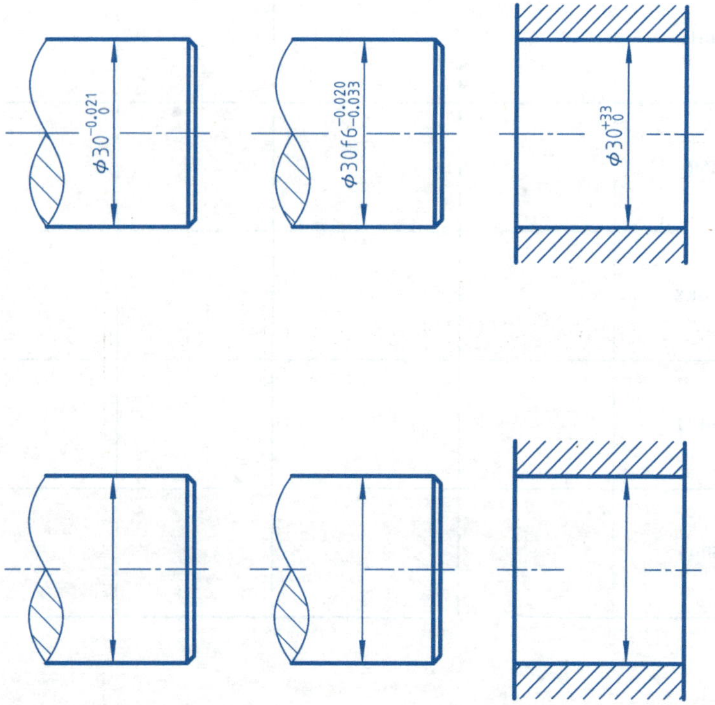

2. 检查下列图上标注的配合的错误，将正确的标注在下图中。

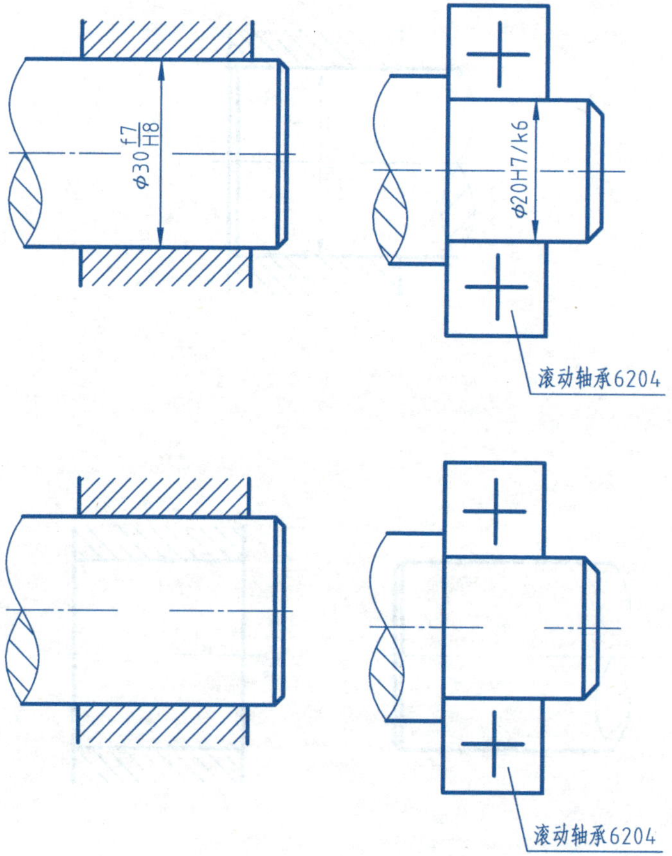

9.3 几何公差标注

1. ϕ20 轴线对 ϕ15 轴线的同轴度公差为 ϕ0.01。
2. ϕ30 圆柱面对 ϕ15、ϕ20 轴线的圆跳动公差为 0.03。
3. 键槽对称面对 ϕ30 轴线的对称度公差为 0.02。
4. 零件左端面对 ϕ20 轴线的垂直度公差为 0.025。

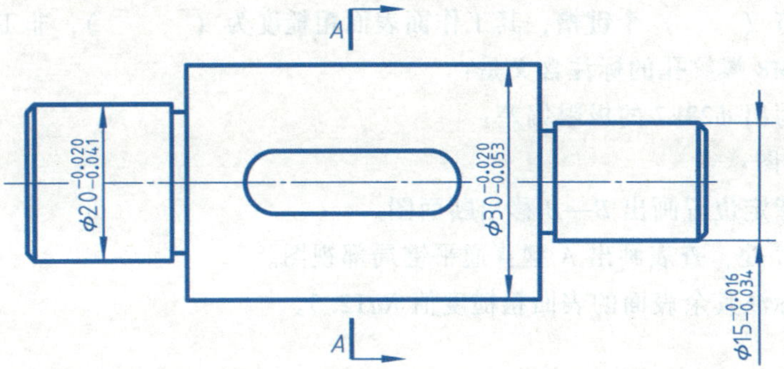

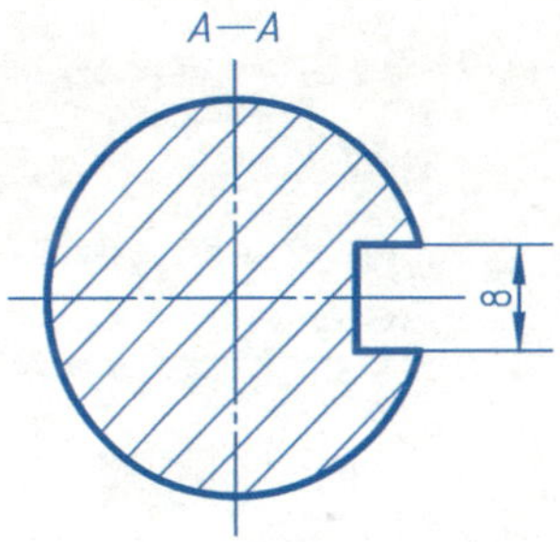

9.4 读轴零件图（一）

1. 填空

1）该零件名称（　　），材料（　　），绘图比例（　　）。

2）零件图应该用（　　）个图形表达，分别采用的表达法是：

3）局部放大图上标注的 1∶1 是表示（　　　　　　）与（　　　　　　　　）的比。

4）该零件表面粗糙度要求最高的面在（　　　　），其 *Ra* 值是（　　　　）。

5）零件上有（　　）个键槽，其工作面表面粗糙度为（　　　），非工作面表面粗糙度为（　　　）。

6）零件上 M8 螺纹孔的标注含义是：

7）查表，写出 ϕ28k7 的极限偏差：

2. 标注和画图：

1）在图上指定位置画出 *B—B* 移出断面图。

2）在图上 *C* 处，查表画出 A 型普通平键局部视图。

3）在图上标注其余表面的表面粗糙度值 *Ra*12.5。

9.4 读轴零件图（二）

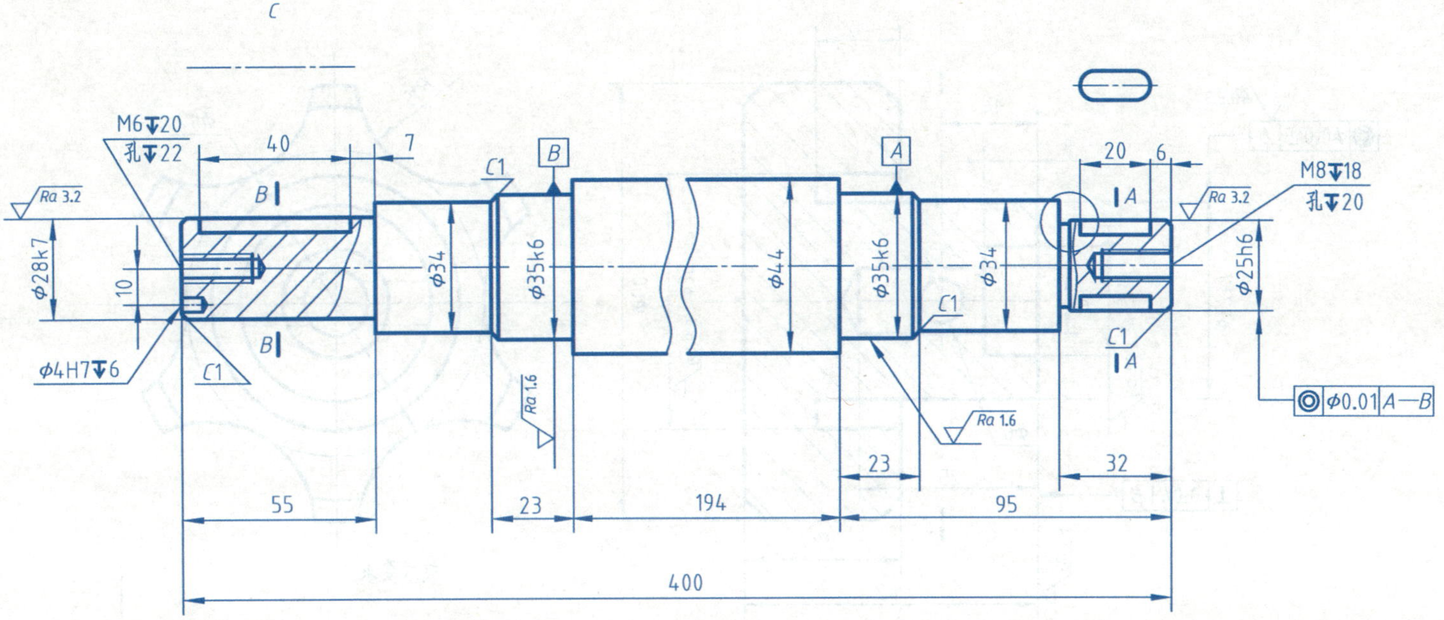

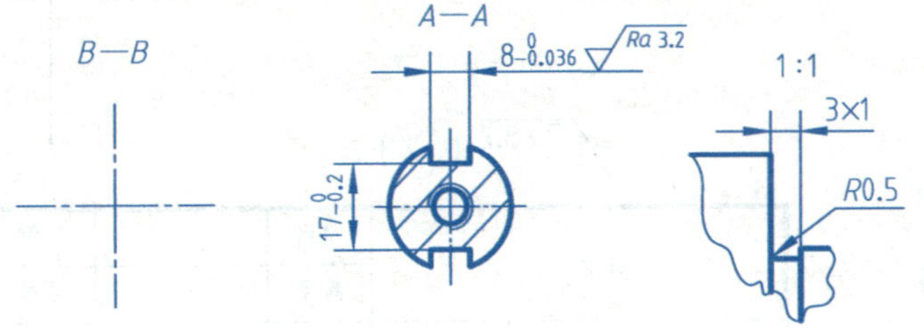

技术要求

1. 经调质处理 220～250HBW。
2. 未注过渡圆角 $R1.6$。

轴	材料	45	比例	1:2
	数量	1	图号	XDT-00-03
制图				
审核				

9.5 读轮盘零件图

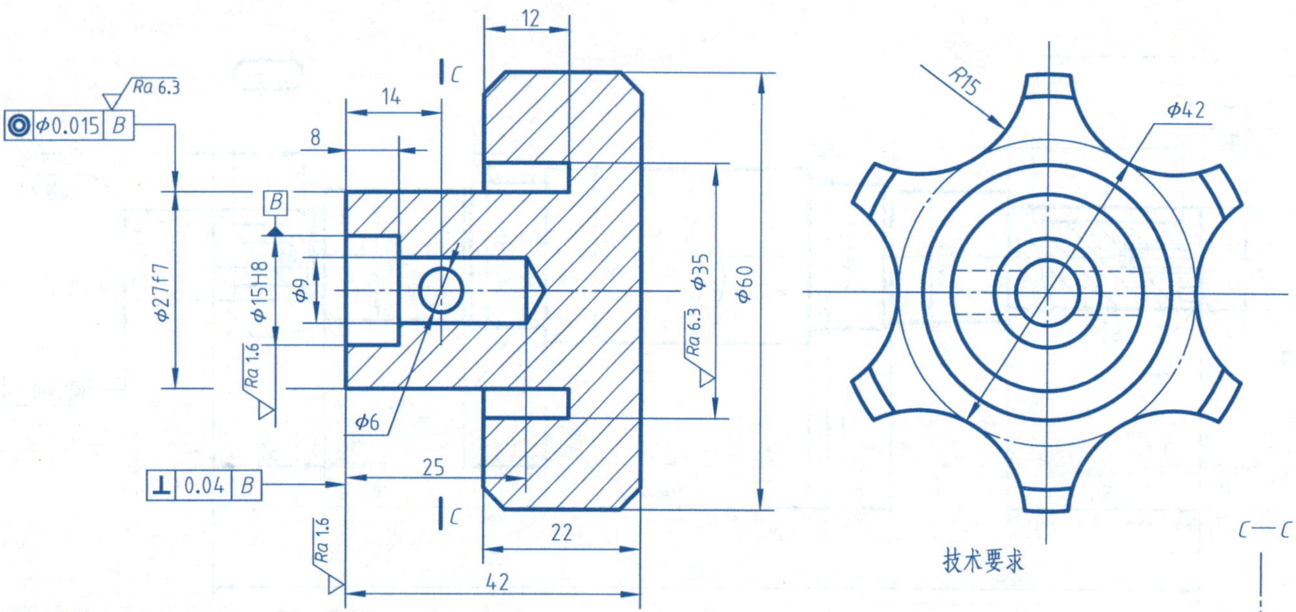

技术要求

C—C

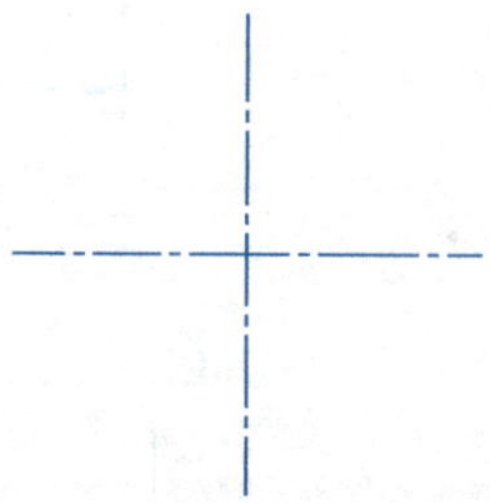

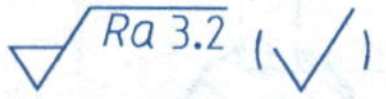

1. 主视图采用（　　　）剖视图，主要表达零件的（　　　）结构。左视图采用（　　　）表达方法。

2. 零件的内外部形状主要是（　　　　　　　　）。

3. φ6 孔定位尺寸是（　　　）。

4. φ15 孔的公差带代号是（　　　）。

5. 将零件材料：45，数量：2，比例 1：1，图号：FM-00-08，标注在标题栏中。将你的姓名和作业日期填入标题栏。

6. 在技术要求下方，写出：“未注倒角 C2，去除材料方法获得表面，表面粗糙度 *Ra*6.3”。

7. 画出 *C—C* 移出断面图。

手轮			材料		比例	
			数量		图号	
制图						
审核						

9.6 读托脚零件图（一）

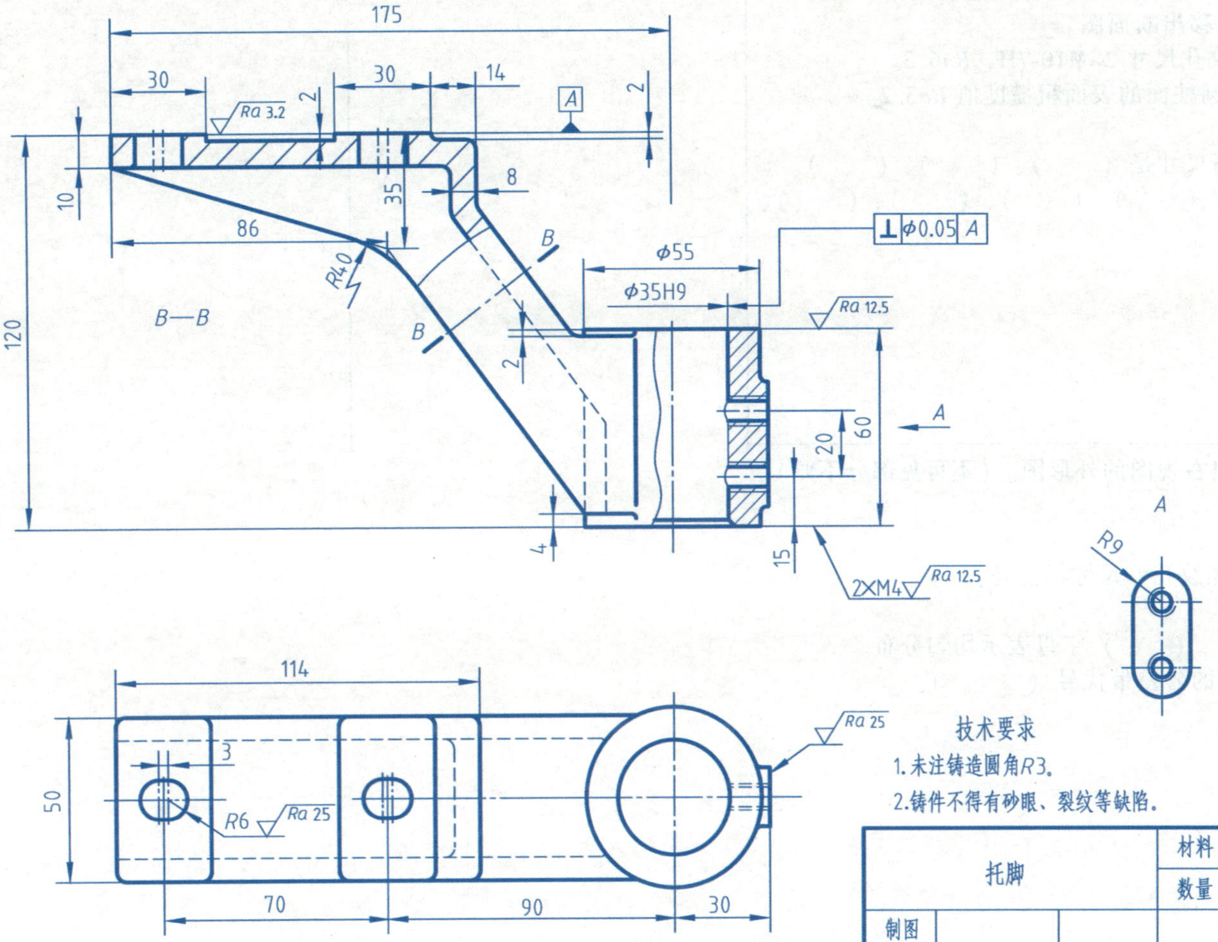

技术要求

1. 未注铸造圆角R3。
2. 铸件不得有砂眼、裂纹等缺陷。

$\sqrt{}$ ($\sqrt{}$)

托脚	材料	HT200	比例	1:2
	数量	1	图号	SSJ-10-12
制图				
审核				

班级　　　　姓名　　　　学号

9.6　读托脚零件图（二）

1. 看懂视图，想象出形状，在原图上补出左视图外形图。
2. 在原图上画出 *B—B* 移出断面图。
3. 在 *A* 视图中标注螺纹孔尺寸 2×M10-7H，*Ra*6.3。
4. 在图中标注 ϕ35H9 圆柱面的表面粗糙度值 *Ra*3.2。
5. 填空

（1）零件总长、宽、高尺寸是（　　）、（　　）、（　　）。

（2）写出 5 个定位尺寸（　　）、（　　）、（　　）、（　　）、（　　）。

（3）写出 M10 的含义：

9.7　读支架零件图（一）（图见下页）

右视图

1. 在本页指定位置画出右视图的外形图。（不可见部分不画）
2. 写出 5 个定位尺寸：
3. 图中有（　　）处螺纹孔？尺寸标注是：
4. 俯视图 3×M4 尺寸中，（　　）字母表示均匀分布。
5. 查表确定 $\phi26\pm0.01$ 的公差带代号（　　）。

9.7 读支架零件图（二）

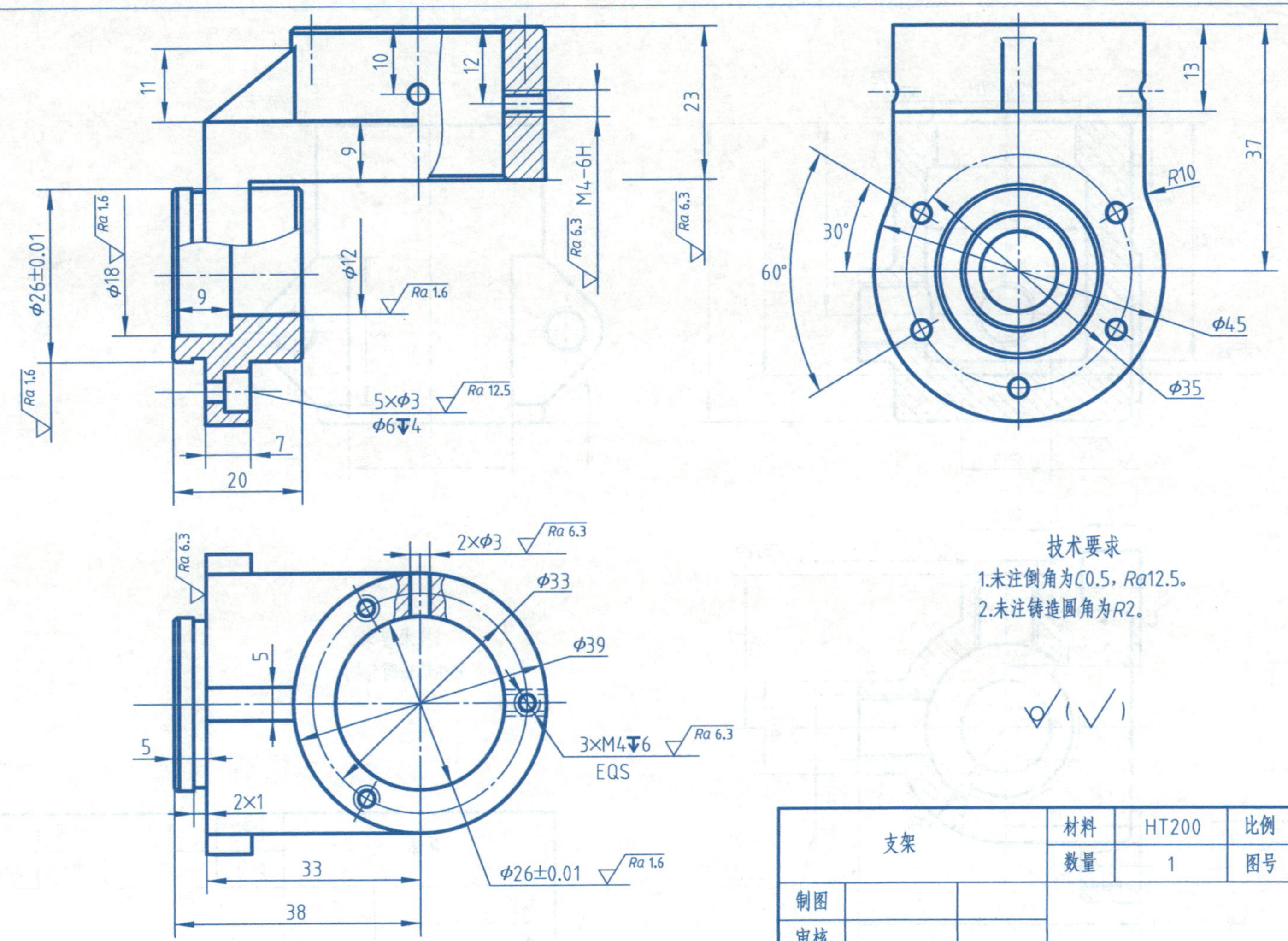

技术要求

1.未注倒角为C0.5，Ra12.5。

2.未注铸造圆角为R2。

$\sqrt{Ra\ 12.5}$ （$\sqrt{}$）

支架		材料	HT200	比例	1:1
		数量	1	图号	BM-30-15
制图					
审核					

9.8 读泵体零件图（一）

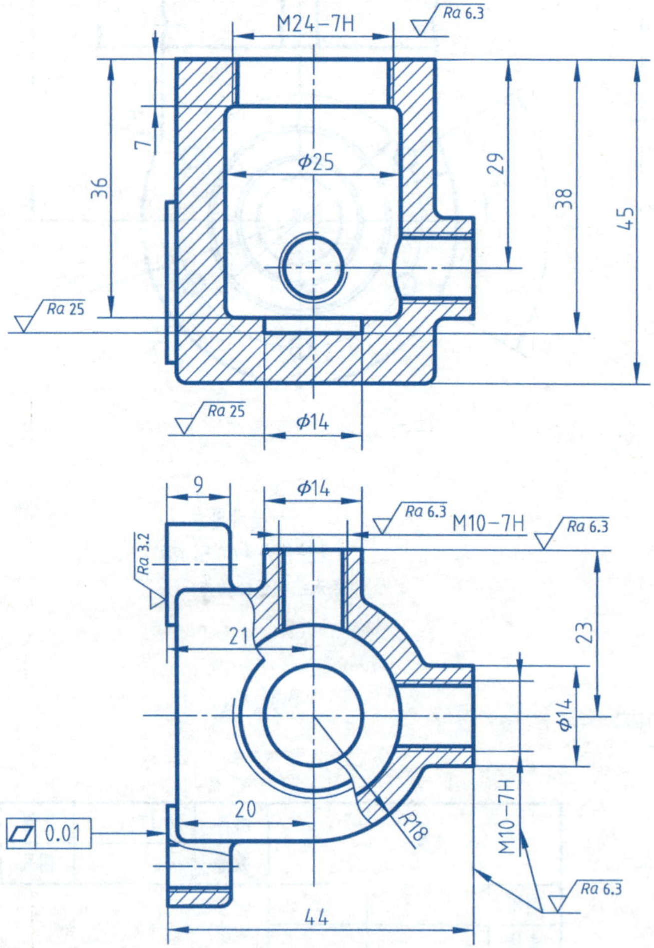

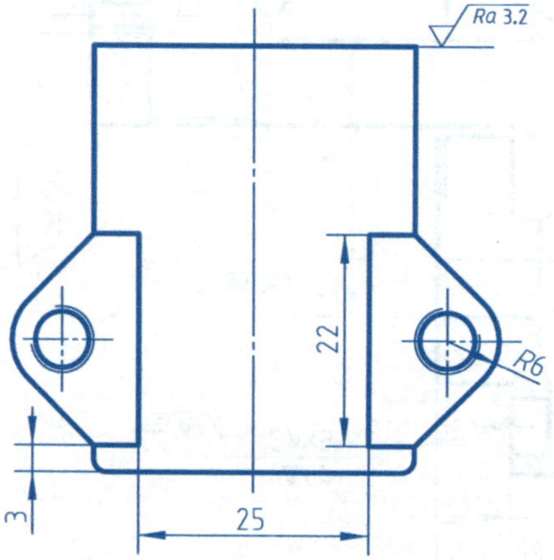

技术要求

未注铸造圆角*R*2。

泵体		材料	HT200	比例	1:1
		数量	1	图号	AM-50-12
制图					
审核					

9.8 读泵体零件图（二）

1. 看懂视图，想象出形状，在本页适当位置上画出主视图的外形图。

2. 在原图左视图上标注两个螺纹孔的尺寸 2×M6-7H 和定位尺寸（尺寸从图中量取，取整）以及表面粗糙度值 *Ra*6.3。

3. 在原图中标注其余表面的表面粗糙度为不加工表面的要求。

4. 回答问题

（1）零件总长、宽、高尺寸是（　）、（　）、（　）。

（2）写出 3 个定位尺寸（　）、（　）、（　）。

（3）零件上有（　）个螺纹孔？写出它们的尺寸。

（4）主、俯、左视图采用了什么表达方法？

班级　　　　姓名　　　　学号

9.9 读箱体零件图（一）

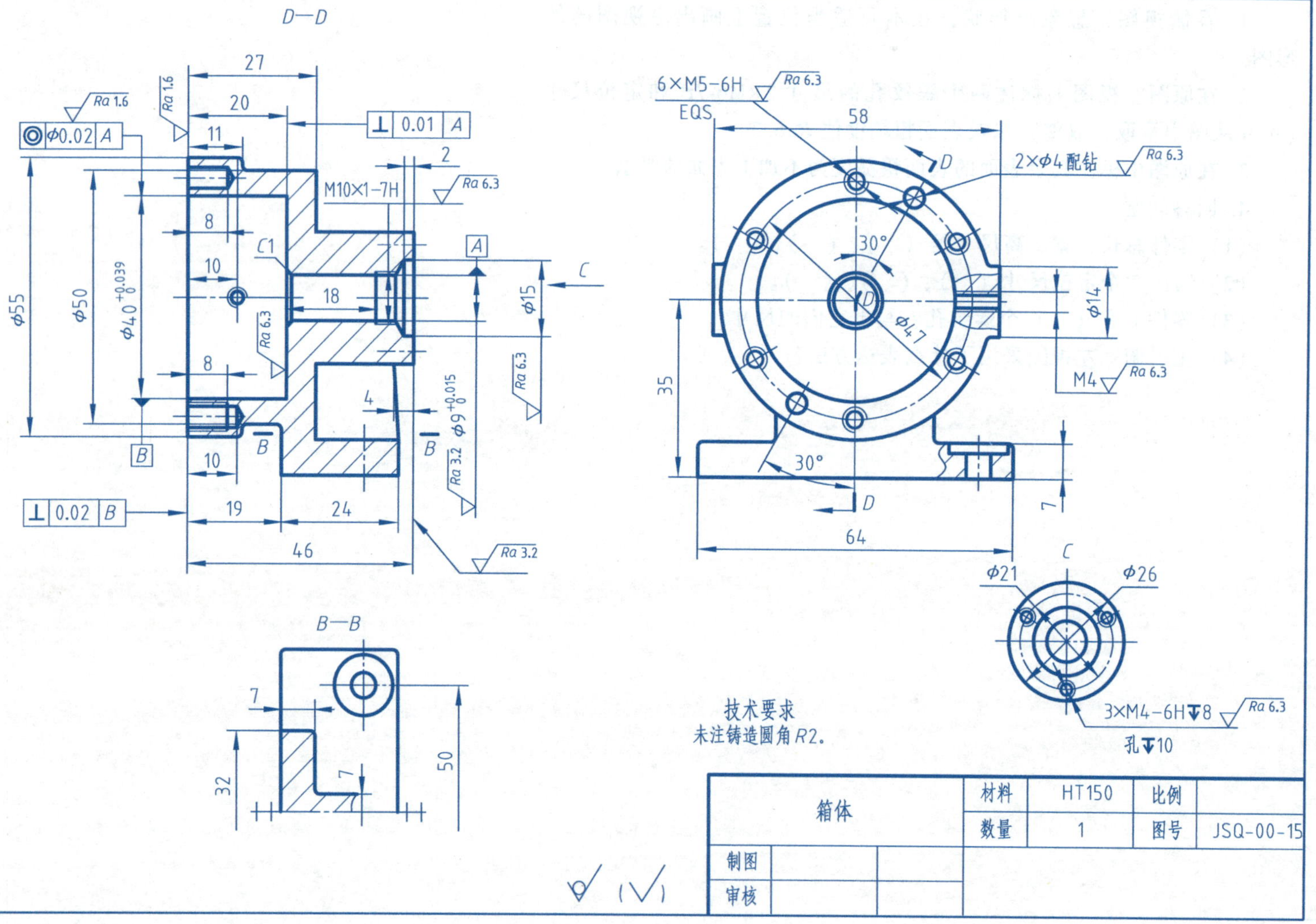

技术要求
未注铸造圆角R2。

箱体		材料	HT150	比例	
		数量	1	图号	JSQ-00-15
制图					
审核					

班级　　　　姓名　　　　学号

9.9　读箱体零件图（二）

1. 看懂视图，想象出形状，在本页适当位置画出主视图的外形图。

2. 在本页适当位置画出 *B—B* 移出断面图。

3. 在左视图中标注两个安装孔 $\phi5$ 和沉孔 $\phi12$ 深度为 2mm 的尺寸，表面粗糙度为 *Ra*6.3。

4. 回答问题

（1）零件总长、宽、高尺寸是（　）、（　）、（　）。

（2）写出 3 个定位尺寸（　）、（　）、（　）。

（3）零件上有（　）个螺纹孔？写出尺寸。

（4）零件图采用了什么表达方法？

班级　　　　姓名　　　　学号

9.10 根据零件图进行三维建模，再生成零件工程图（一）

1.

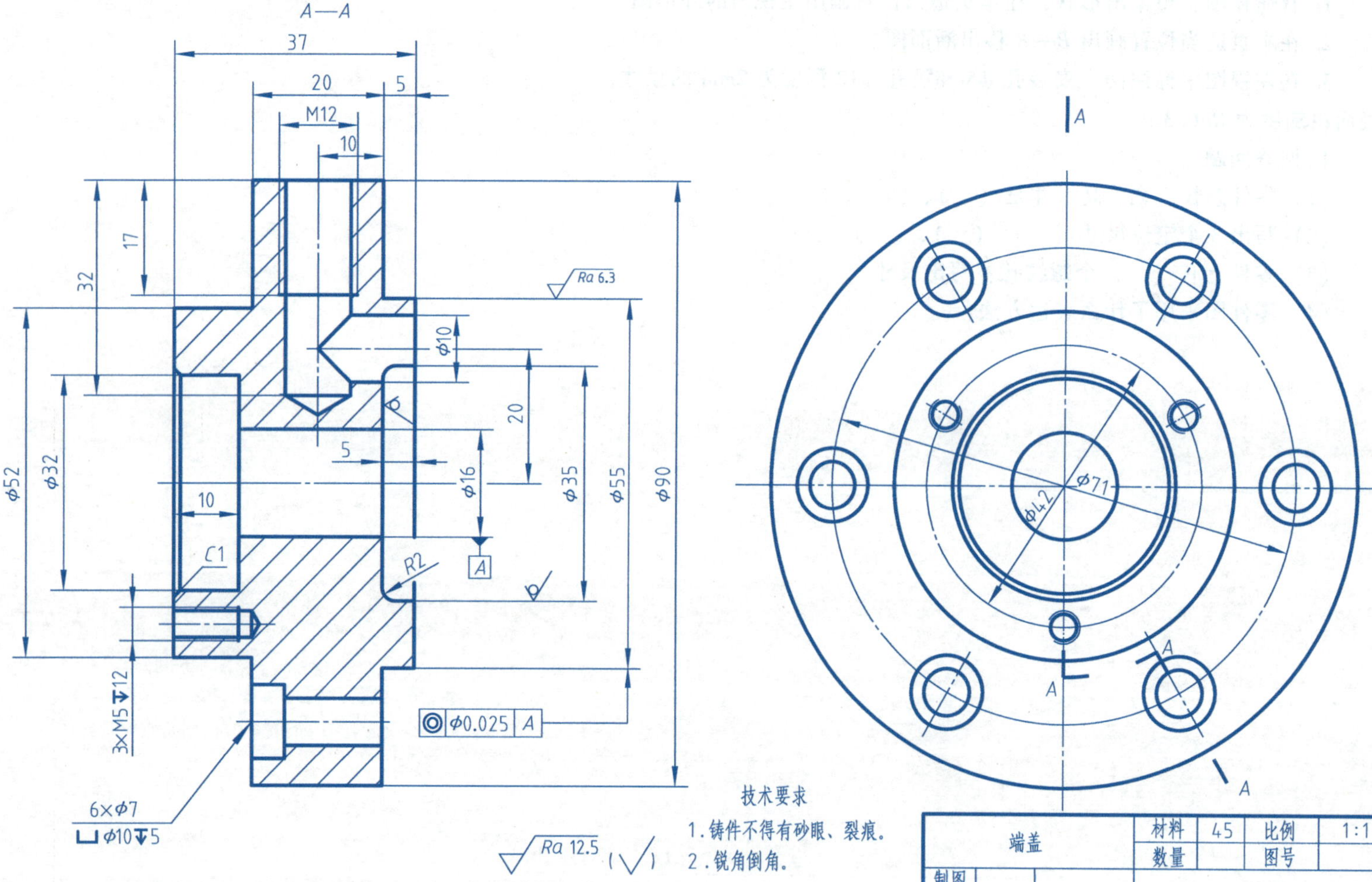

技术要求

1. 铸件不得有砂眼、裂痕。
2. 锐角倒角。

端盖		材料	45	比例	1:1
		数量		图号	
制图					
审核					

9.10 根据零件图进行三维建模，再生成零件工程图（二）

2.

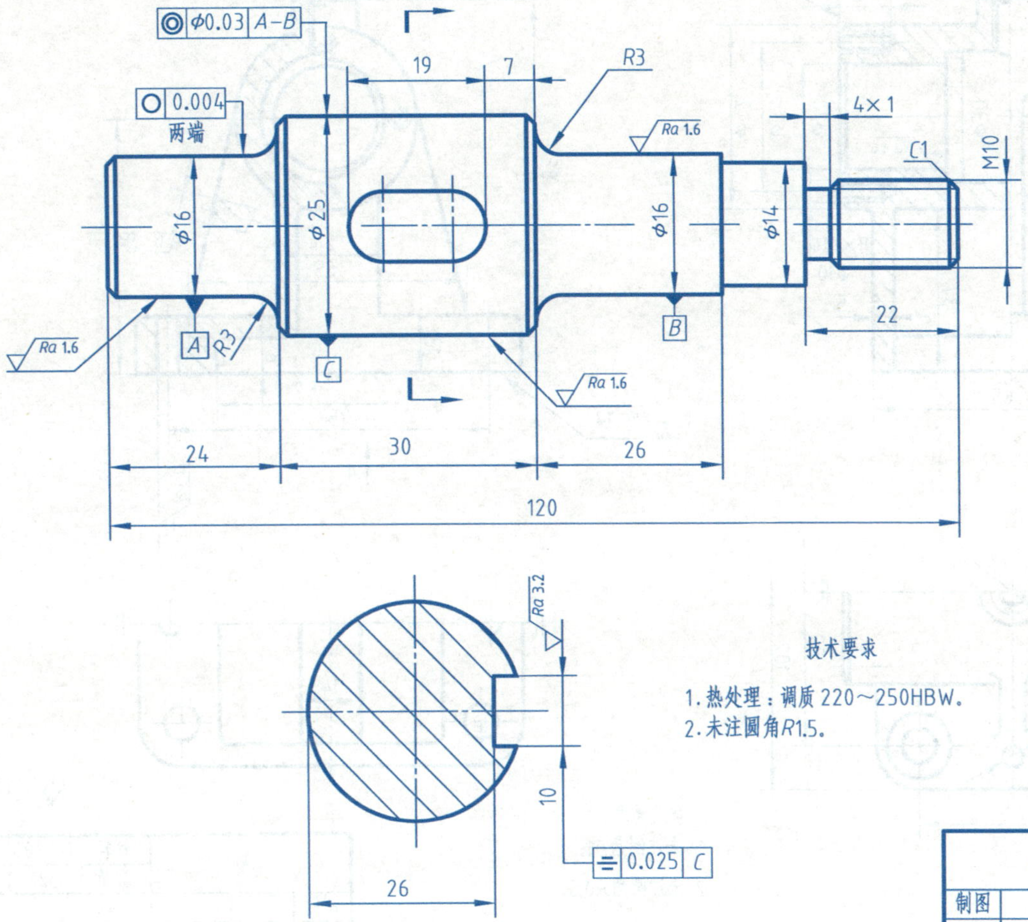

技术要求

1. 热处理：调质 220～250HBW。
2. 未注圆角$R1.5$。

Ra 6.3 (√)

输出轴		材料	45	比例	1:1
		数量	1	图号	
制图					
审核					

班级　　　　姓名　　　　学号

9.10 根据零件图进行三维建模，再生成零件工程图（三）

3.

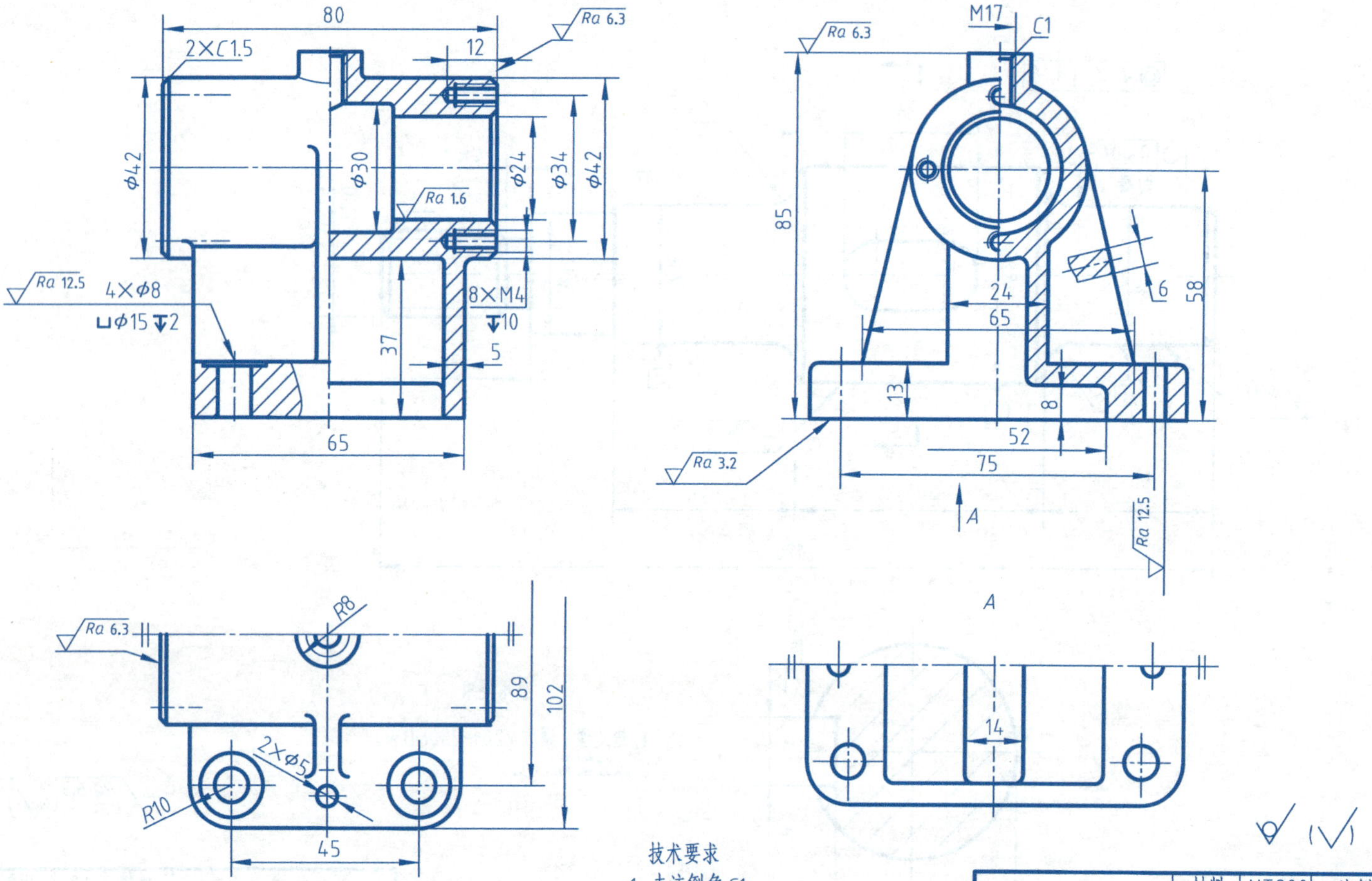

技术要求

1. 未注倒角C1。
2. 未注圆角R0.5。

支架		材料	HT200	比例	
		数量	2	图号	
制图					
审核					

9.10 根据零件图进行三维建模，再生成零件工程图（四）

4.

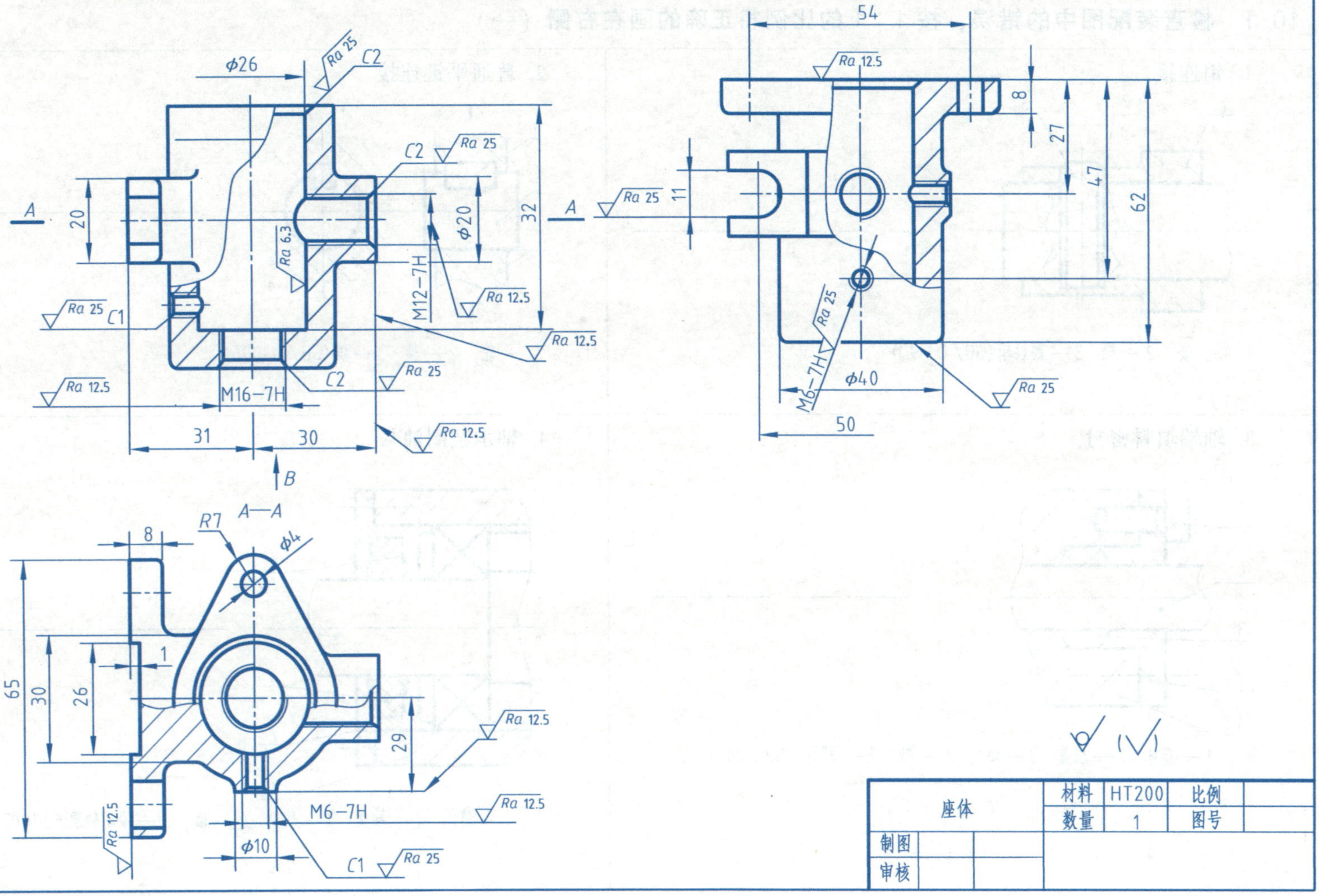

第十章 装 配 图

班级　　　　姓名　　　　　学号

10.1 检查装配图中的错误，按 1∶1 的比例将正确的画在右侧（一）

1. 销连接。

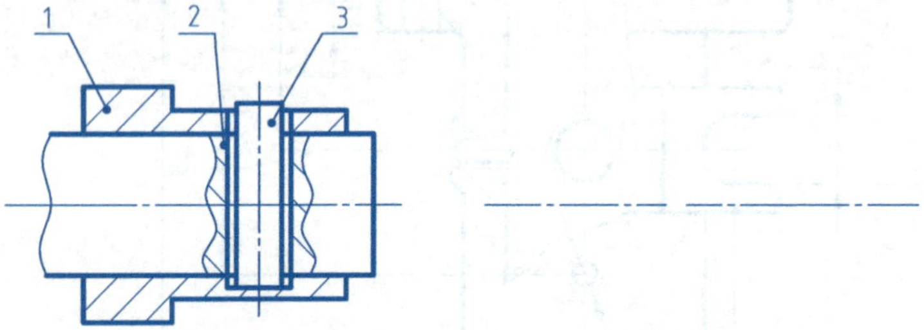

1—套　2—轴　3—圆柱销(GB/T 119.1)

2. 普通平键连接。

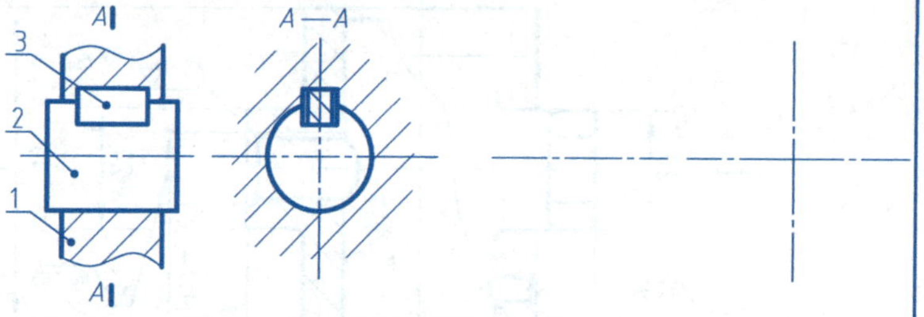

1—轮　2—轴　3—键(GB/T 1096)

3. 轴端填料密封。

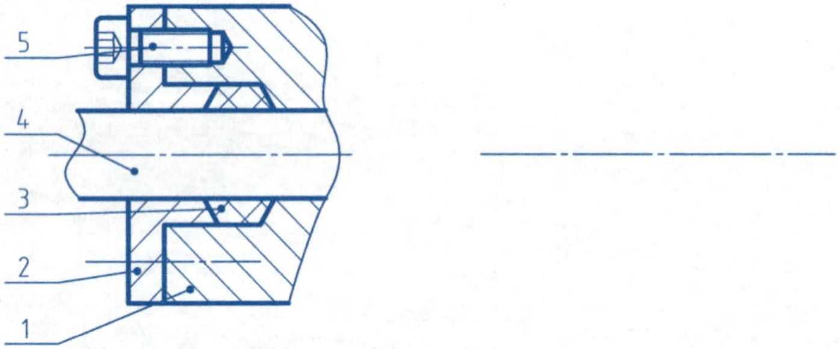

1—箱体　2—压盖　3—填料　4—轴　5—螺钉(GB/T 70.1)

4. 轴承毡圈油封。

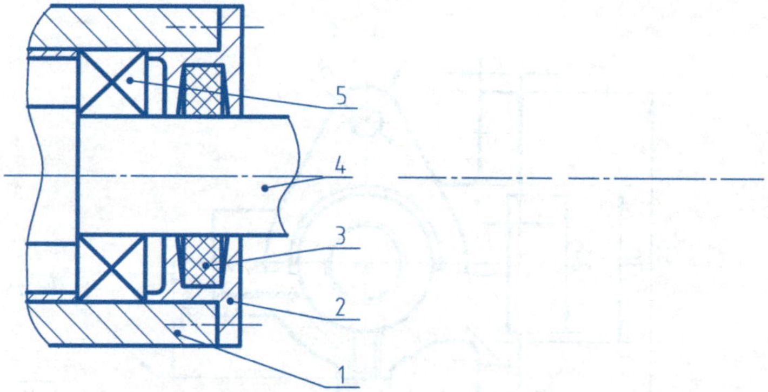

1—箱体　2—端盖　3—填料　4—轴　5—滚动轴承 6004(GB/T 276)

班级　　　　姓名　　　　学号

10.1 检查装配图中的错误，按 1∶1 的比例将正确的画在右侧（二）

5. 齿轮啮合。

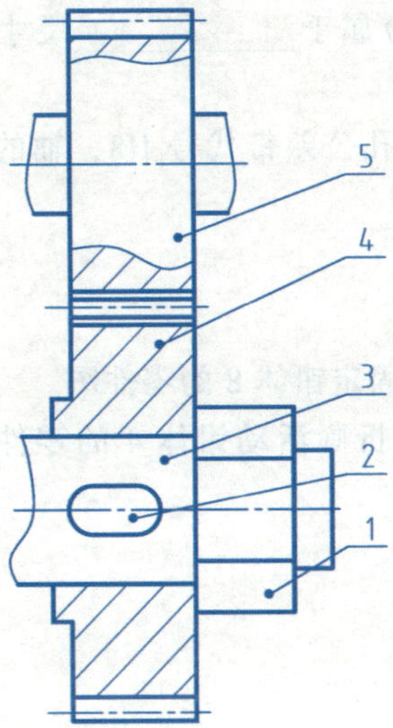

1— 螺母(GB/T 6170)　2— 键(GB/T 1096)　3— 轴　4— 齿轮　5— 齿轮轴

6. 弹簧、螺纹连接等画法。

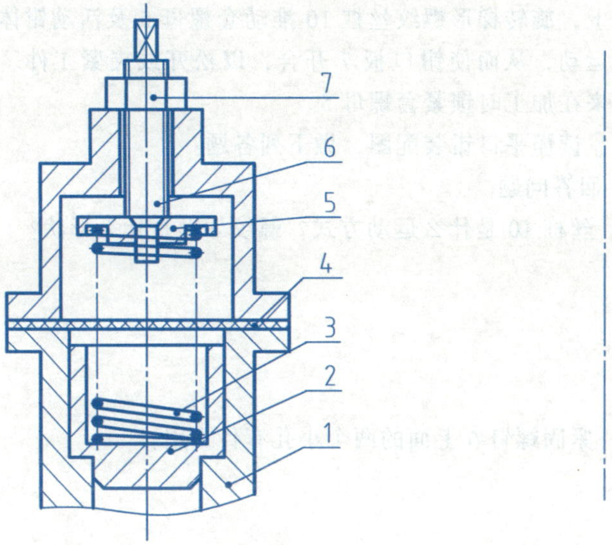

1— 阀体　2— 阀门　3— 弹簧　4— 垫圈
5— 挡圈　6— 螺杆　7— 螺母(GB/T 6170)

班级　　　　姓名　　　　学号

10.2 读平口钳装配图，回答问题（一）

一、工作原理

平口钳用于装夹被加工的零件。使用时将固定钳体 8 安装在工作台上，旋转梯形螺纹丝杠 10 推动套螺母 5 及活动钳体 4 做直线往复运动，从而使钳口板 7 开合，以松开或夹紧工件。紧固螺钉 6 用来在加工时锁紧套螺母 5。

二、读懂平口钳装配图，做下列各题：

1. 回答问题

1）丝杠 10 是什么运动方式？螺纹牙形是什么形状？

2）紧固螺钉 6 上面的两个小孔有什么用？

3）装配图采用了哪些表达方法？

4）垫圈 3 和 9 的作用是什么？

5）下列尺寸各属于装配图中的何种尺寸？

0~91 属于__________尺寸，ϕ28H8/f8 属于__________尺寸，160 属于__________尺寸，270 属于__________尺寸。

20×20 属于__________尺寸。

6）在图中标注 ϕ25 的配合代号：孔公差带代号 H8，轴的公差带代号 f8。

2. 根据平口钳装配图拆画零件图

1）用 1∶1 的比例在 A3 纸上拆画固定钳体 8 的零件图。

2）用合适的比例在本页适当位置折画活动钳体 4 的零件图（只画视图）。

10.2 读平口钳装配图，回答问题（二）

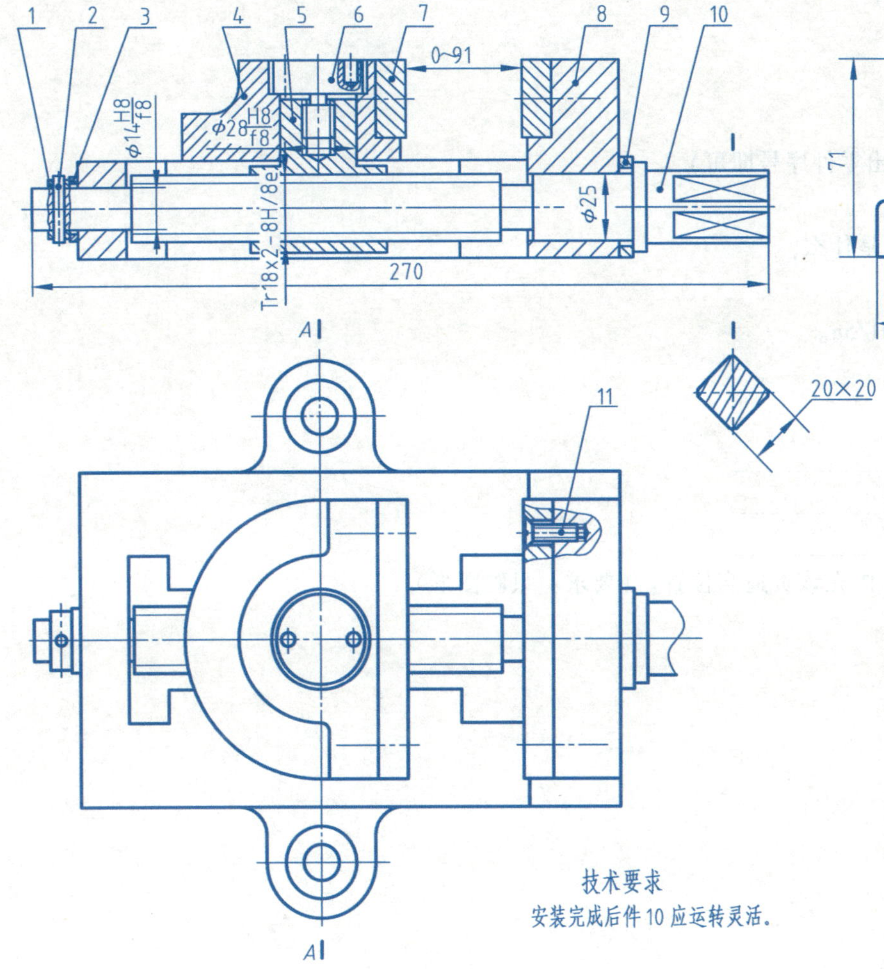

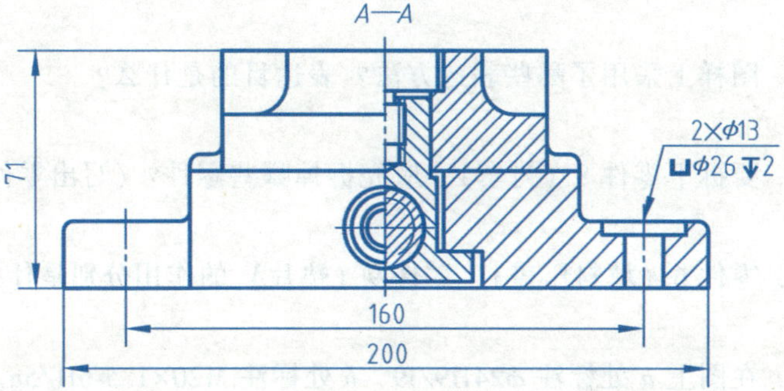

技术要求

安装完成后件 10 应运转灵活.

序号	代号	名称	数量	材料	备注
11	GB/T 68	螺钉M6×20	4	35	
10	PKQ-00-09	丝杠	1	45	
9	PKQ-00-08	垫圈	1	Q235	
8	PKQ-00-07	固定钳体	1	HT150	
7	PKQ-00-06	钳口板	2	45	
6	PKQ-00-05	紧固螺钉	1	20	
5	PKQ-00-04	套螺母	1	20	
4	PKQ-00-03	活动钳体	1	HT150	
3	PKQ-00-02	垫圈	1	Q235	
2	GB/T 119.1	圆柱销A4×26	1	35	
1	PKQ-00-01	挡圈	1	Q235	

平口钳			班级		比例	1:2.5
			学号		图号	PKQ-00-00
制图						
审核						

班级　　姓名　　学号

10.3　读柱塞泵装配图，拆画零件图（一）

1. 该装配体由多少个零件组成？其中标准件有多少个？

2. 图样上采用了哪些表达方法？表达目的是什么？

3. 要拆下零件 8（衬套），应先拆掉哪些零件？（写出零件序号即可）

4. 零件 6（填料压盖）、零件 9（垫片）的作用分别是什么？

5. 在图上 *a* 处标注 ϕ24H9/f9，*b* 处标注 M20×1.5-6H/5g。

6. 写出装配体的下列尺寸：

规格（性能）尺寸________________

配合尺寸________________

安装尺寸________________

7. 拆画零件 6（填料压盖）、11（螺塞）的零件图，画在该页适当位置。（要求：只画图形）

班级　　　　姓名　　　　学号

10.3 读柱塞泵装配图，拆画零件图（二）

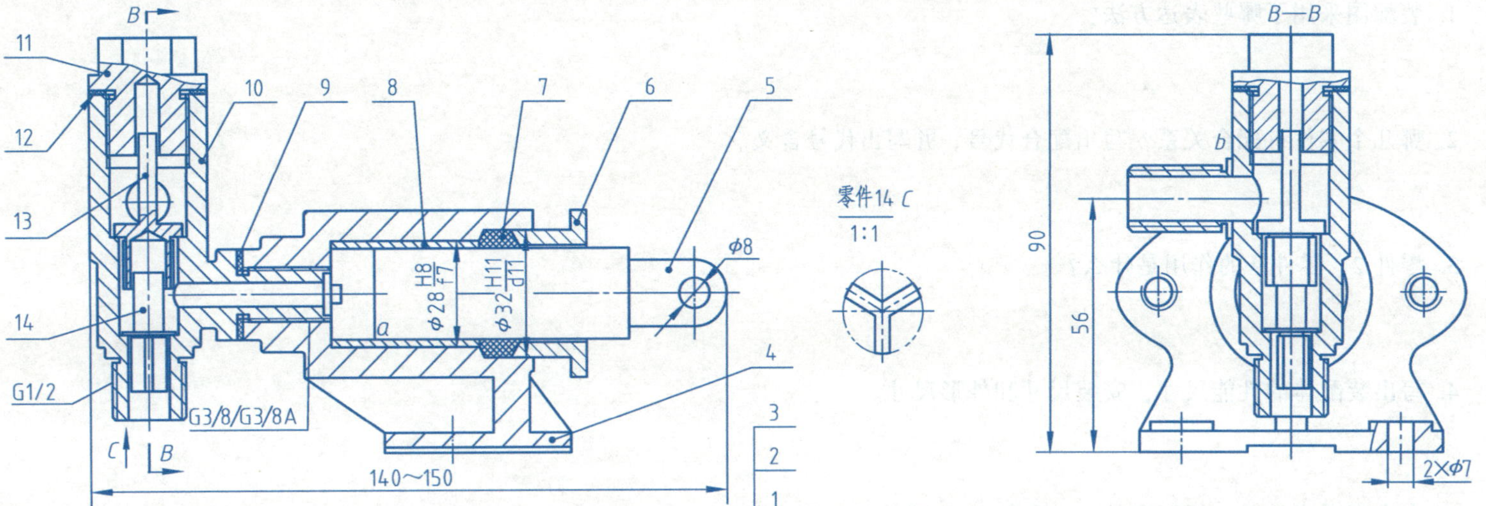

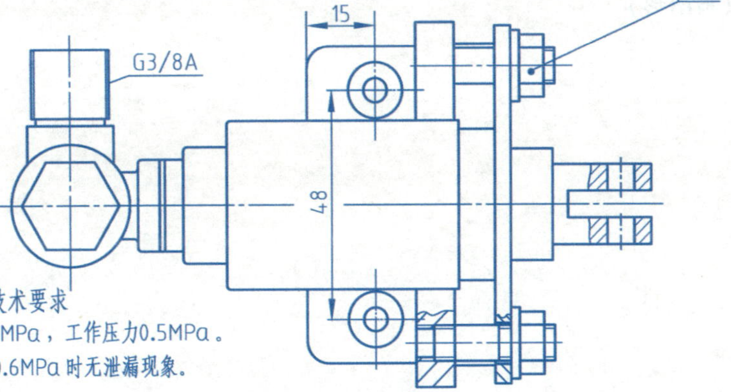

技术要求

1. 试验压力0.6MPa，工作压力0.5MPa。
2. 试验压力为0.6MPa时无泄漏现象。

序号	代号	名称	数量	材料	备注
14	ZSB-00-10	阀瓣	1	ZCuZn38Sn2Pb2	
13	ZSB-00-09	阀瓣	1	ZCuZn38Sn2Pb2	
12	ZSB-00-08	垫片	1	橡胶	
11	ZSB-00-07	螺塞	1	ZCuZn38Sn2Pb2	
10	ZSB-00-06	管接头	1	ZCuZn38Sn2Pb2	
9	ZSB-00-05	垫片	1	橡胶	
8	ZSB-00-04	衬套	1	ZCuZn38Sn2Pb2	
7		填料	1	石棉	
6	ZSB-00-03	填料压盖	1	ZCuZn38Sn2Pb2	
5	ZSB-00-02	柱塞	1	ZCuZn38Sn2Pb2	
4	ZSB-00-01	泵体	1	HT250	
3	GB/T 6170	螺母	2	35	
2	GB/T 898	螺柱M6×20	2	35	
1	GB/T 97.1	垫圈6-140HV	2	Q235A	

柱塞泵	班级		比例	1:2
	学号		图号	ZSB-00-00
制图				
审核				

班级　　　　姓名　　　　学号

10.4　读微动机构装配图，回答问题（一）

1. 装配图采用了哪些表达方法？

2. 哪几个零件有配合关系？写出配合代号，并写出代号含义。

3. 零件 2、零件 9 的作用是什么？

4. 写出装配体的性能尺寸，安装尺寸和外形尺寸。

5. 在本页适当位置，拆画零件 5、零件 10 的零件图（只画图形）。

10.4　读微动机构装配图，回答问题（二）

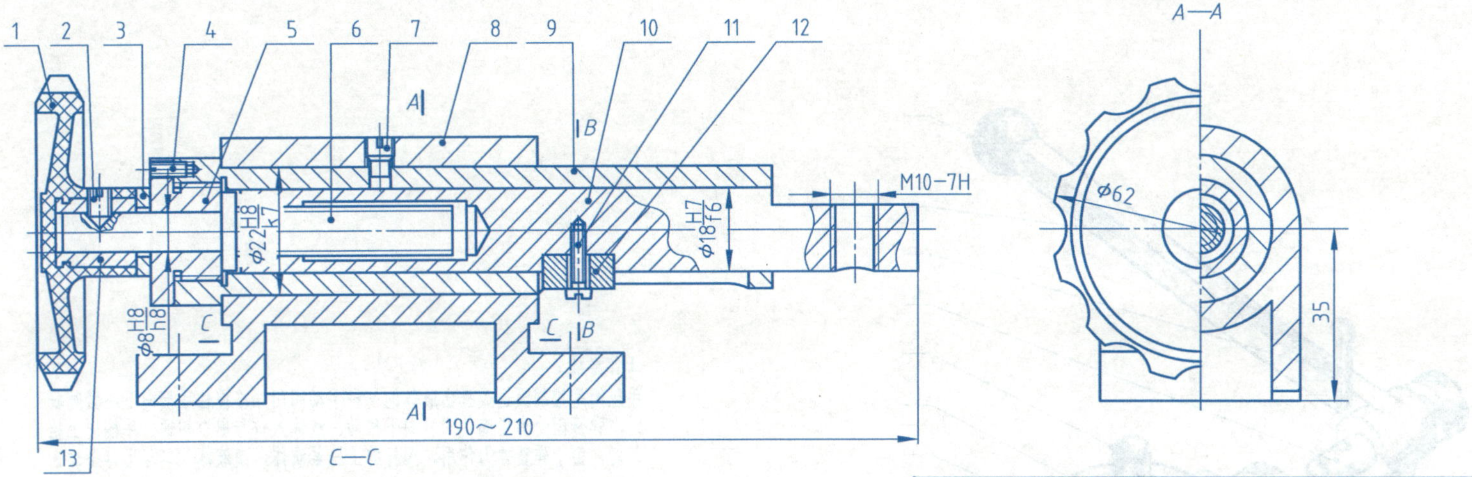

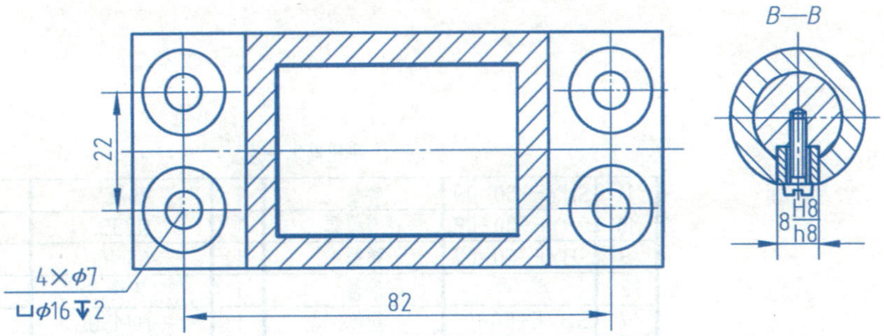

13	WDJG-00-09	铜套	1	H68	
12	WDJG-00-08	键	1	45	
11	GB/T 65	螺钉M3×12	1	Q235	
10	WDJG-00-07	导杆	1	45	
9	WDJG-00-06	导套	1	45	
8	WDJG-00-05	支座	1	ZL102	
7	GB/T 75	螺钉M6×12	1	Q235	
6	WDJG-00-04	螺杆	1	45	
5	WDJG-00-03	轴套	1	45	
4	GB/T 73	螺钉M3×8	4	Q235	
3	WDJG-00-02	垫圈	1	Q235	
2	GB/T 71	螺钉M5×8	1	Q235	
1	WDJG-00-01	手　轮	1	酚醛塑料	
序号	代号	名　称	数量	材料	备注

微动机构		班级		比例	1:1.5
		学号		图号	WDJG-00-00
制图					
审核					

工作原理：

导杆 10 右端头的 M10 螺孔，用于固定焊枪。当转动手轮 1 时，螺杆 6 做旋转运动，导杆 10 在导套 9 内做轴向移动进行微调。

导杆 10 上装有键 12，它在导套 9 的槽内起导向作用，由于导套 9 用螺钉 7 固定，所以它只能做直线运动。轴套 5 对螺杆 6 起支撑和轴向定位作用。为了便于安装，轴套 5 的大端铣出平面。

调整好位置后，用螺钉 4 固定。手轮 1 的轮毂内嵌装一个铜套，热压成形后加工。

班级　　　姓名　　　学号

10.5 根据手压阀的轴测图及零件图，拼画装配图（一）

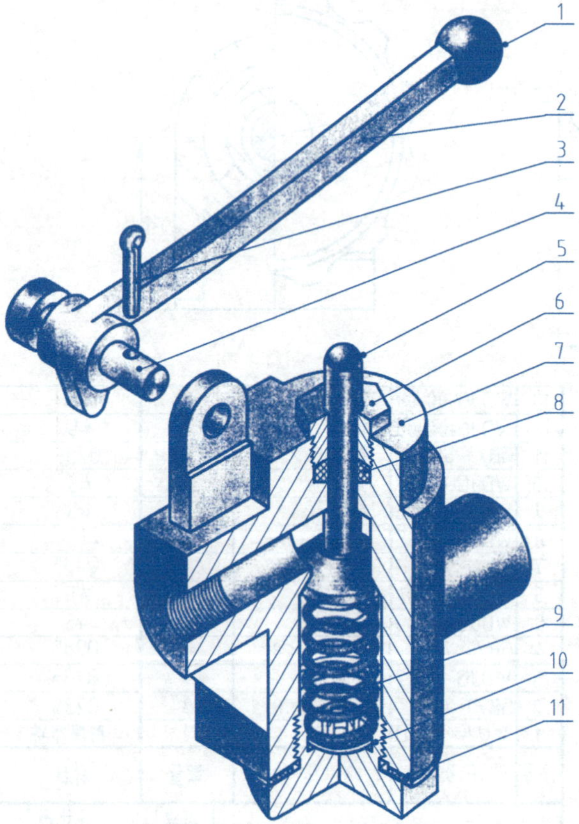

工作原理：

手压阀是控制吸进或排出液体的一种手动阀门。当握住手柄向下压紧阀杆时，弹簧因受力压缩使阀杆向下移动，液体入口与出口相通。手柄向上抬起时，由于弹簧弹力作用，阀杆向上压紧阀体，使液体入口与出口不通。

手压阀零件表

序号	代号	名称	数量	材料	备注
11	SHYF-00-09	胶垫	1	橡胶	
10	SHYF-00-08	调节螺母	1	Q235	
9	SHYF-00-07	弹簧	1	65Mn	
8		填料	1	石棉	
7	SHYF-00-06	阀体	1	HT150	
6	SHYF-00-05	锁紧螺母	1	Q235	
5	SHYF-00-04	阀杆	1	45	
4	SHYF-00-03	销钉	1	20	
3	GB/T91	开口销 4×12	1	Q215	
2	SHYF-00-02	手柄	1	20	
1	SHYF-00-01	球头	1	胶木	

班级　　　　姓名　　　　学号

10.5 根据手压阀的轴测图及零件图，拼画装配图（二）

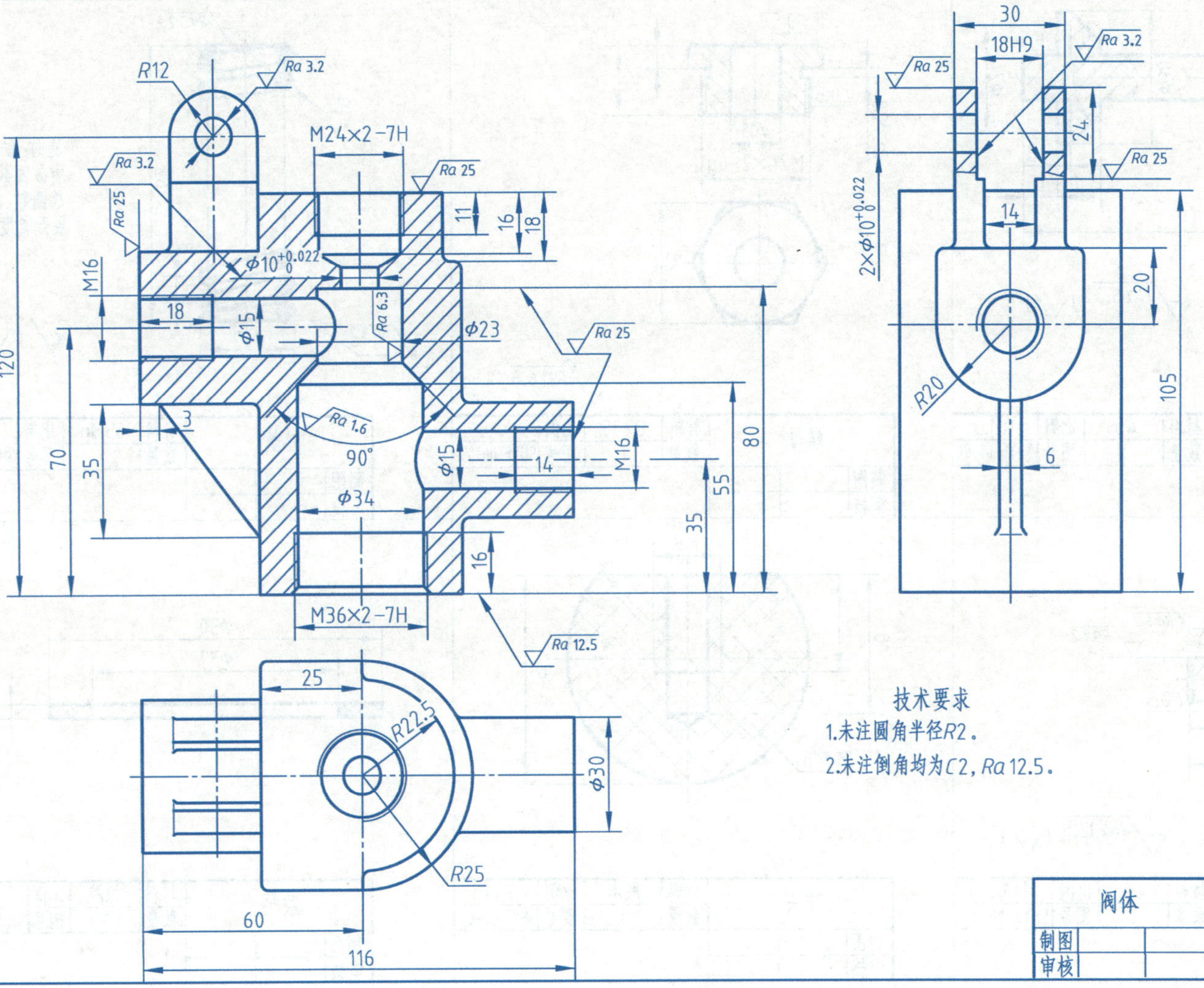

技术要求

1.未注圆角半径R2。

2.未注倒角均为C2，Ra 12.5。

阀体		材料	HT150	比例	
		数量	1	图号	SHYF-00-06
制图					
审核					

10.5 根据手压阀的轴测图及零件图，拼画装配图（三）

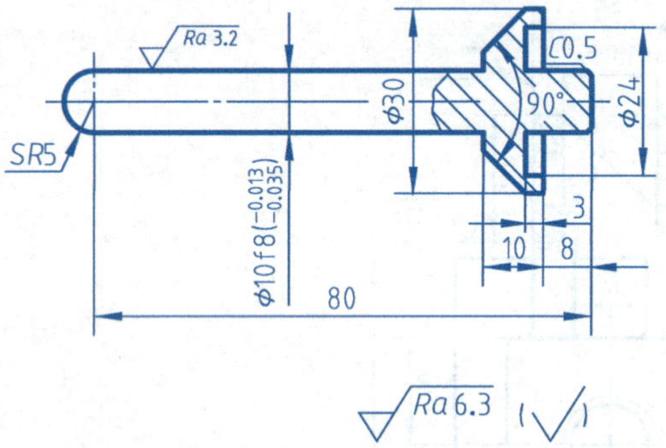

阀杆	材料	45	比例	1:1.5
	数量	1	图号	SHYF-00-04
制图				
审核				

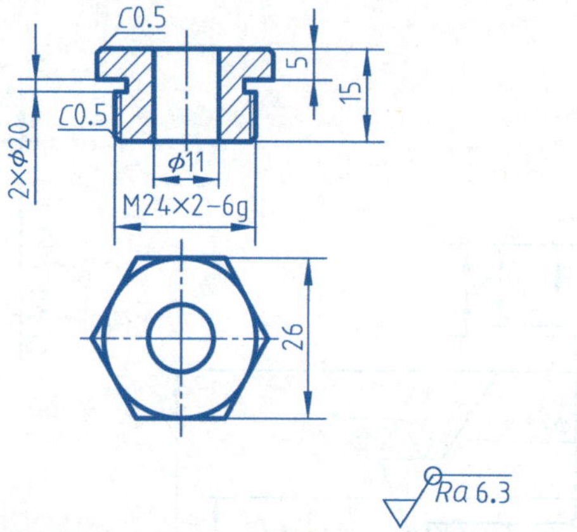

螺母	材料	Q235	比例	1:1.5
	数量	1	图号	SHYF-00-05
制图				
审核				

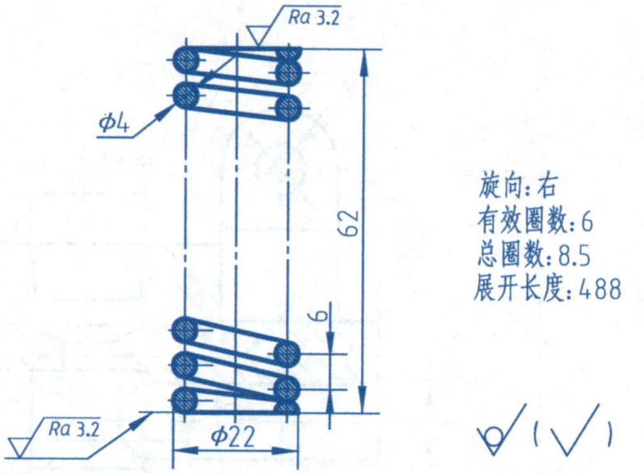

弹簧	材料	65Mn	比例	1:1.5
	数量	1	图号	SHYF-00-07
制图				
审核				

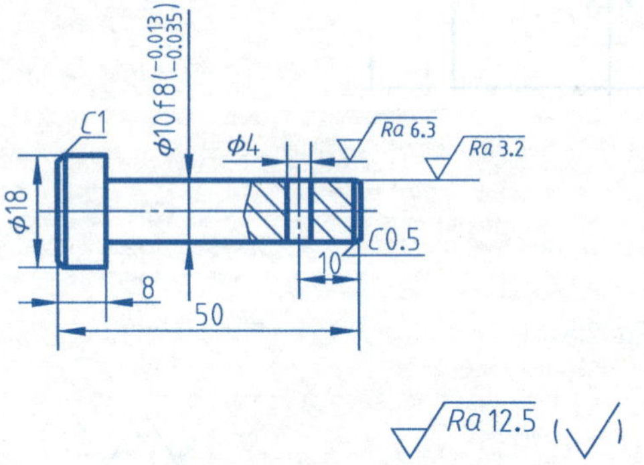

销钉	材料	20	比例	1:1.5
	数量	1	图号	SHYF-00-03
制图				
审核				

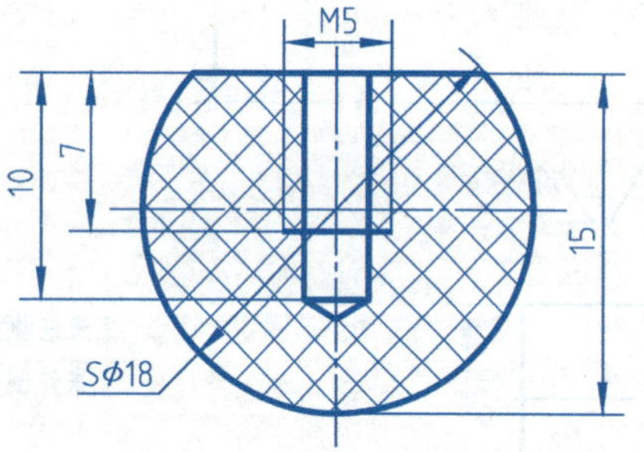

球头	材料	胶木	比例	2:1
	数量	1	图号	SHYF-00-01
制图				
审核				

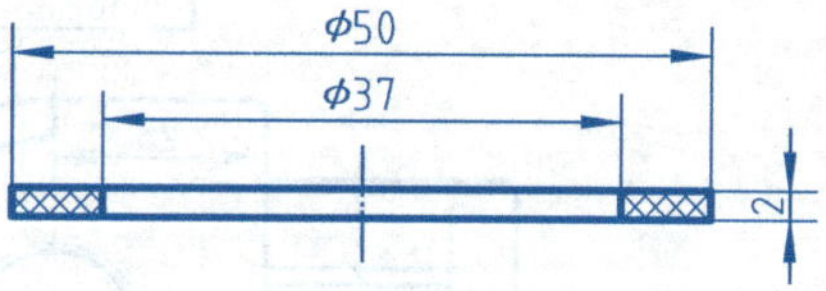

胶垫	材料	橡胶	比例	1:1
	数量	1	图号	SHYF-00-09
制图				
审核				

10.5 根据手压阀的轴测图及零件图，拼画装配图（四）

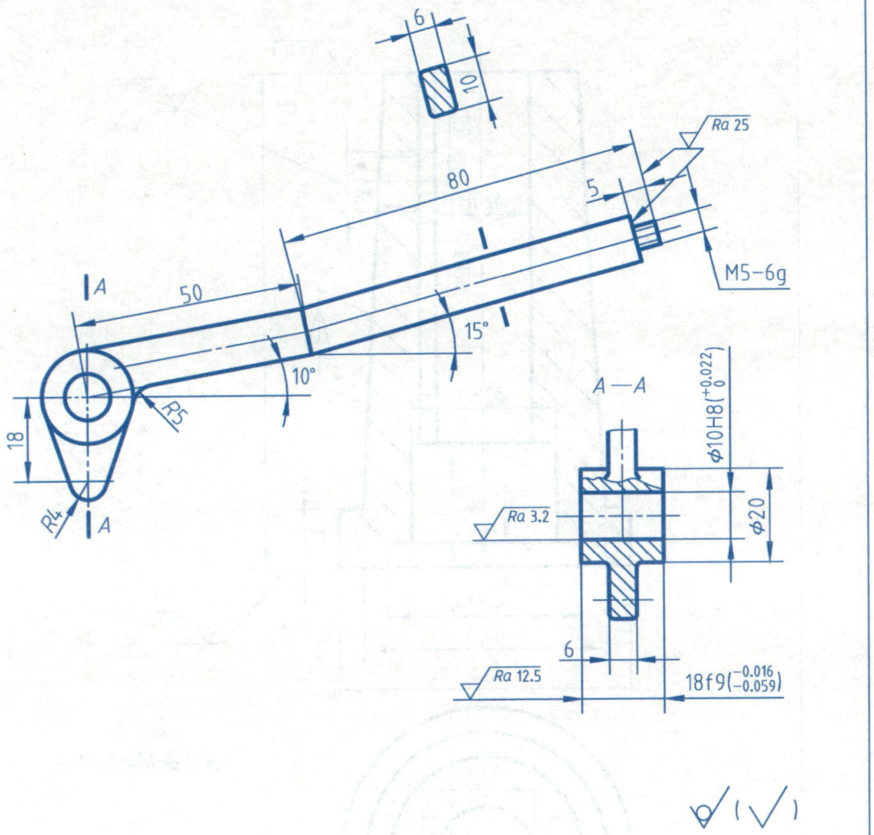

手柄		材料	20	比例	1:2
		数量	1	图号	SHYF-00-02
制图					
审核					

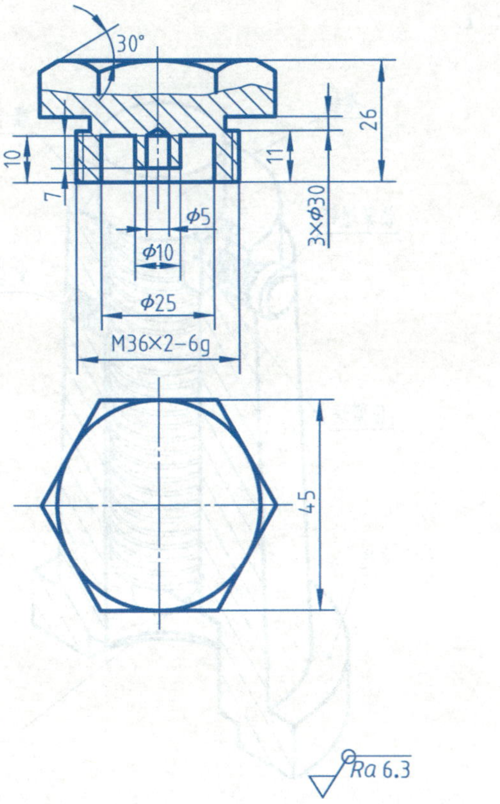

调节螺母		材料	Q235	比例	1:2
		数量	1	图号	SHYF-00-08
制图					
审核					

10.6 根据零件图及支顶装配示意轴测图，进行支顶三维建模，再生成装配工程图（一）

1.

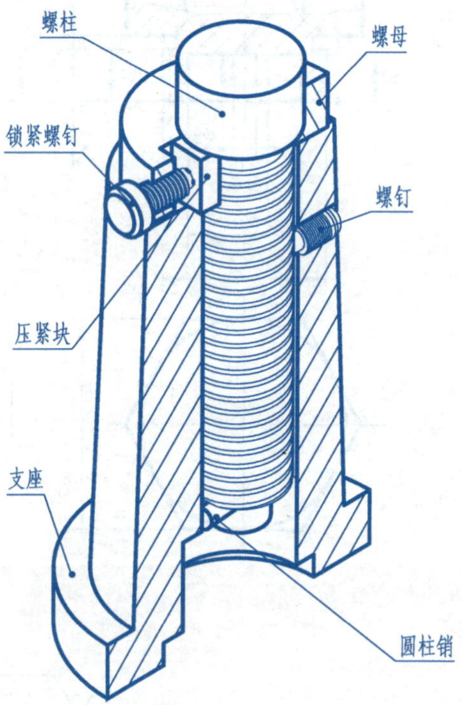

支顶装配示意轴测图

2.

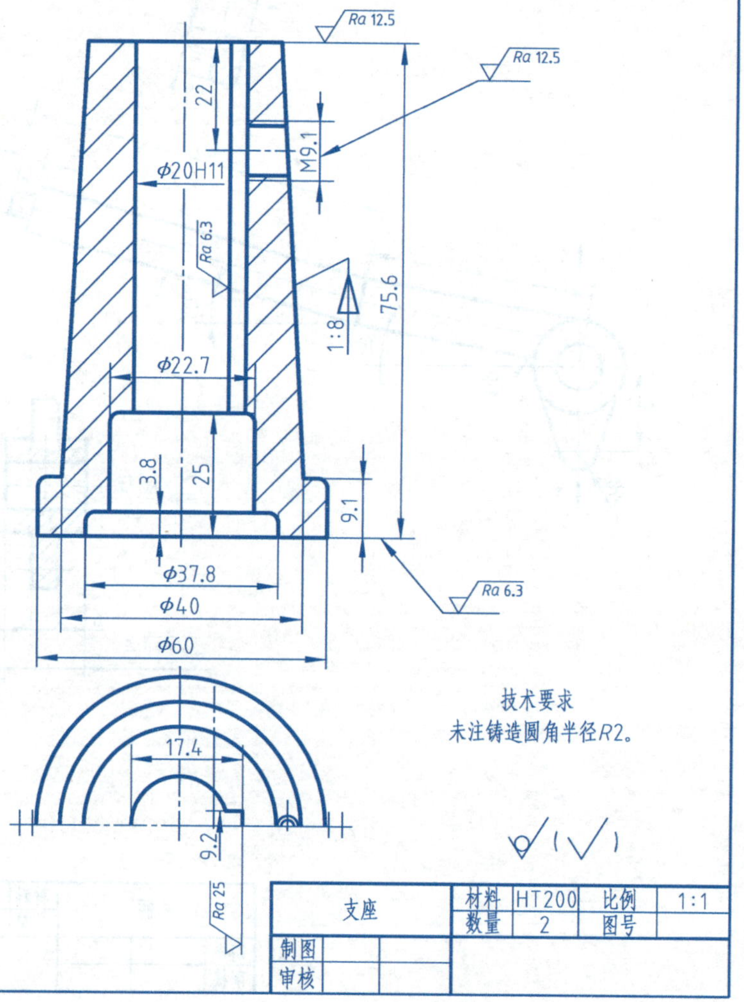

班级　　　　姓名　　　　学号

10.6 根据零件图及支顶装配示意轴测图，进行支顶三维建模，再生成装配工程图（二）

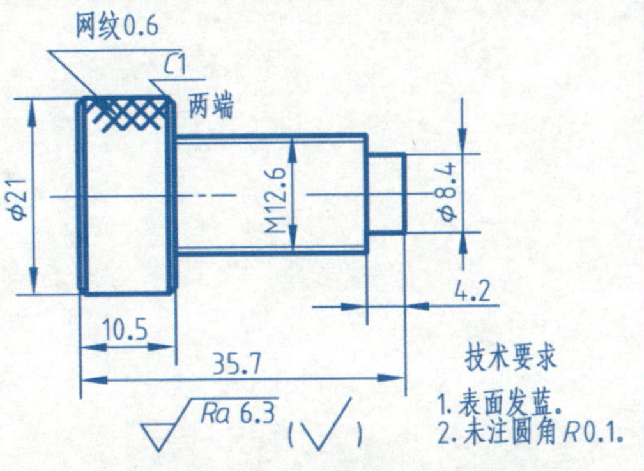

技术要求

1. 表面发蓝.
2. 未注圆角R0.1.

锁紧螺钉	材料	35	比例	2:1
	数量	1	图号	
制图				
审核				

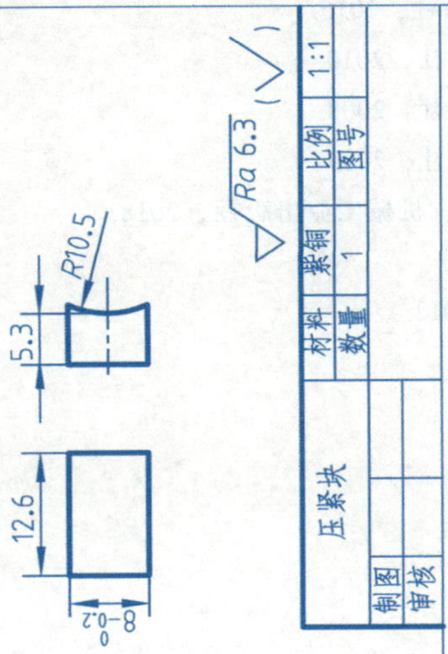

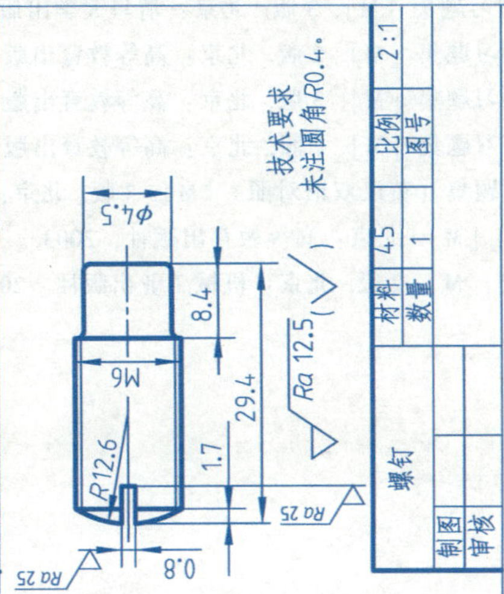

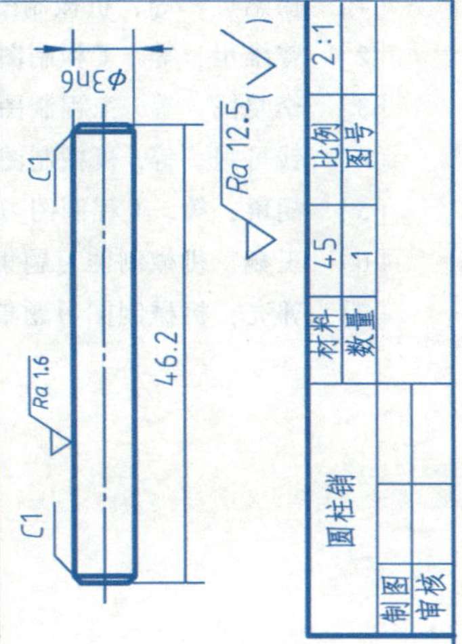

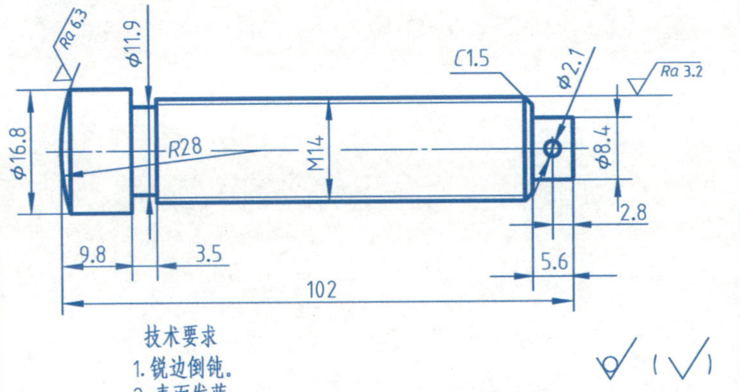

技术要求

1. 锐边倒钝.
2. 表面发蓝.

螺柱	材料	35	比例	1:1
	数量	1	图号	
制图				
审核				

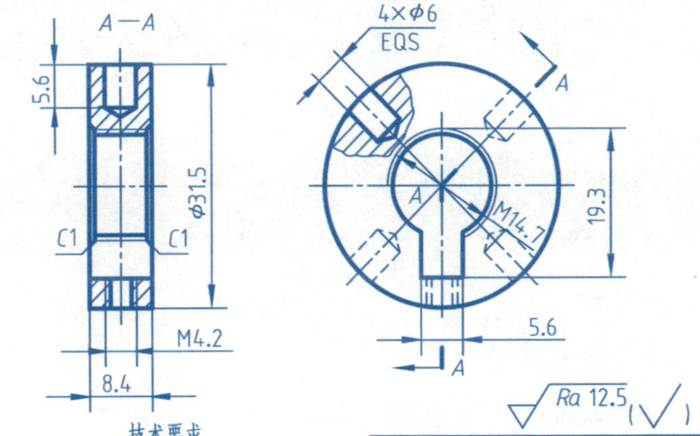

技术要求

锐边倒钝.

螺母	材料	35	比例	1:1
	数量	1	图号	
制图				
审核				

参考文献

[1] 杨惠英，等，机械制图习题集［M］. 3 版. 北京：清华大学出版社，2015.
[2] 曾维川，等. 工程制图习题集［M］. 2 版. 北京：高等教育出版社，2010.
[3] 李晓民，等. 工程制图习题集［M］. 3 版. 北京：高等教育出版社，2008.
[4] 钱可强，等. 机械制图习题集［M］. 7 版. 北京：高等教育出版社，2019.
[5] 胡琳，等. 工程制图习题集（英汉双语对照）［M］. 3 版. 北京：机械工业出版社，2018.
[6] 王巍，机械制图习题集［M］. 北京：高等教育出版社，2003.
[7] 郭亮，机械制图习题集［M］. 2 版. 北京：机械工业出版社，2012.